你的努力，要配得上你的年纪

Your efforts are worthy of your age

王 磊

— 著 —

U0754519

台海出版社

图书在版编目（CIP）数据

你的努力，要配得上你的年纪 / 王磊著. --北京 : 台海出版社, 2020.1

ISBN 978-7-5168-2390-3

Ⅰ.①你… Ⅱ.①王… Ⅲ.①成功心理—通俗读物 Ⅳ.①B848.4-49

中国版本图书馆CIP数据核字（2019）第133572号

你的努力，要配得上你的年纪

著　　者：王　磊

责任编辑：戴　晨　　　　　　　　装帧设计：仙　境
版式设计：许　可　　　　　　　　责任印制：蔡　旭

出版发行：台海出版社
地　　址：北京市东城区景山东街20号　　邮政编码：100009
电　　话：010-64041652（发行，邮购）
传　　真：010-84045799（总编室）
网　　址：www.taimeng.org.cn/thcbs/default.htm
E-mail：thcbs@126.com

经　　销：全国各地新华书店
印　　刷：三河市冠宏印刷装订有限公司
本书如有破损、缺页、装订错误，请与本社联系调换

开　　本：880mm×1230mm　　1/32
字　　数：157千字　　　　　　印　张：8
版　　次：2020年1月第1版　　印　次：2020年1月第1次印刷
书　　号：ISBN 978-7-5168-2390-3

定　　价：39.80元

目 录
CONTENTS

第三章
所谓成长，不只是年纪的增长

第四章
信念的力量，奋斗改变人生

第五章
从小事做起，成就大事业

第六章
生活，本就五味杂陈

第七章
学会做人，不是个简单的命题

第八章
内心强大，成就更大舞台

你的努力，要配得上
你的年纪

第一章

莫欺少年穷，这一刻开始改变

年轻人就要给青春定下目标

青春是什么？

青春不只是长在脸上的青春痘，青春更是一段美好且一去不复返的时光。这段时光稍纵即逝，如果错过了，你将抱憾终生；如果抓住了，你将收获很多。

可问题是，怎样才能抓住青春，不让青春留遗憾？

其实很简单，为青春定下一个目标，然后奋力奔跑，全身心地投入去实现它。在奔跑的过程中，你会从幼稚逐渐成熟；在实现目标的进程中，你会发现年轻人就应该给青春定下目标，因为只有目标确认，你才能变得无比勇敢与坚强，无论跌倒多少次，都可以重新爬起来，哪怕哭过一万次，也会找第一万零一个理由让自己微笑着继续前进。

这就是目标的力量。

目标是什么？目标是人生前进的灯塔，是征服苦难的力量源泉。如果失去了目标，人生将会迷失，磨难也会轻而易举地将我们击倒；如果定下目标，我们才可能选择生活道路，才能披荆斩棘，把握自己的人生。所以，只要你勇于去实现目标，青春的记忆就会满载丰收的果实。

"去尼罗河、刚果河探险，攀登珠穆朗玛峰、乞力马扎罗山，环游世界；重游马可·波罗的旅行路线，在维多利亚湖游泳，去澳大利亚大堡礁潜水；学会飞行，阅读《大英百科全书》，学习法语、西班牙语以及阿拉伯语；结婚生子，体重保持在175磅以内，活到21世纪……"

这是探险家约翰·戈达德在15岁时为自己的青春定下的目标，共127个。

目标虽包罗万象，但都指向一个核心，那就是探险，而约翰·戈达德从小的梦想就是有朝一日能成为一名探险家。

目标确定以后，在接下来的生命旅程中，约翰·戈达德没有退缩，没有三天打鱼两天晒网，他充分利用有限的时间与精力，完成了一个又一个看似不可能完成的目标。

他在佐治亚州的奥克费诺基大沼泽和佛罗里达州的艾佛格莱兹完成探险，实现了第一个目标；他攀登了马特、阿拉拉特、乞力马扎罗、斐济、兰尼埃和大蒂顿等十二座世界最高的山脉；他横越了世界上最危险的十五条河流，更是探索世界最长河流——尼罗河和徒步走完刚果河的第一人；他离开自己的家乡，去到世界的每一个角落，游历了世界上122个国家。

他研究过260个原始部落，那段时间正如他曾幻想的那样，住在丛林里，整天与土著居民和野兽为邻；他能够熟练驾驶40种不同类型的飞机，能说一口流利的法语、西班牙语、阿拉伯语……

探险的路程是艰辛的，实现目标的过程是充满危险的。

约翰·戈达德被凶猛的河马、鳄鱼攻击过，被暴怒的犀牛、大象追赶过，被吐着信子的响尾蛇咬过；他也险些被海盗射杀，被不友好的原始部落人打死；他甚至经历了飞机失事、地震等；他还经历了沙尘暴，险些被活埋……

面对一个接一个的磨难，一波接一波的危险，约翰·戈达德从未退缩过，也不曾停下朝着目标前进的步伐。随着一个又一个目标的实现，约翰·戈达德最终成了一名名副其实的探险家，也逐渐成了美国人心目中最值得敬佩的目标实现者。

约翰·戈达德的经历让人钦佩。有人曾惊异地问约翰·戈达德："是怎样的力量支撑着你不退缩，勇往直前的？"

"很简单，我总是让心灵先到达梦想中的地方，随后，全身就有了一股神奇的力量。接下来，就只需沿着心灵的召唤前进。"这是约翰·戈达德给出的答案。

梦想中的地方、心灵的召唤，其实用一个词就可以概括，那就是目标。约翰·戈达德用自己的人生证实了目标的力量，更用自己追逐目标的历程告诉我们，年轻人就要为青春定下目标。因为一个人能走多远，从某种程度上来讲，取决于他为自己设定的目标。

古人云："有志者，事竟成。"何为"志"，志就是远大志向，即一个人为自己确立的目标。

可见，目标于人的重要性；也可见，青春需要目标。

有了目标，青春就不会像一团乱麻般搅得你心烦意乱，因为目标会告诉你，什么应该做，什么不应该做，应该怎么做；有了目标，青春也不会像一摊死水般毫无生机，因为你会为了目标的实现而奋斗终生，你会与苦难斗智斗勇，也会在磨难中挖掘潜能。

没有目标，青春还有什么意义。希望每一个年轻人都能懂得目标的力量，将无聊且平庸的生活抛弃，为自己的青春定下目标。

梦想没实现之前，你不配享受

人生在世，不能没有梦想。然而，梦想不是随随便便就能实现的，你需要为之付出千倍、万倍的努力。

正如美国第28届总统伍德罗·威尔逊所说："我们因梦想而伟大，所有的成功者都是大梦想家。"我们在冬夜的火堆旁，在阴天的雨雾中，梦想着未来。有些人让梦想悄然绝灭，有些人则细心培育、维护，直到它安然度过困境，迎来光明和希望，而光明和希望总是降临在那些真心相信梦想一定会成真的人身上。

实现梦想的路程就是这样，伴有欢声笑语，也会遭遇困境，甚至会遭到外在的阻挠。即使如此，也别忘记心中的梦想，毕竟我们看重的是结果而非过程，所以即使被苦难折磨得遍体鳞伤，被挡住前行的脚步，也要坚守梦想。

不断坚守的背后，就是光明与希望。

可惜，并非每一个人都能坚守梦想。有的人在困境面前屈服，安慰自己"没有梦想也可以生存，我照样可以享受生活"；有的人在别人的阻挠中放弃抵抗，止步不前，最终与梦想失之交臂。

王安石的《伤仲永》大家是否熟悉？故事讲述的是一个名叫方仲永的神童。

仲永金溪人，家中世代以耕田为生。在五岁之前，仲永从来没有接触过书写工具。突然有一天，仲永哭喊着向父母索要这些东西。仲永的父母很是诧异，但还是向邻居借来了书写工具。拿到书写工具，仲永立即写下了四句诗词，并附上自己的名字。诗句以赡养父母、团结同族乡邻为主旨，被全乡的秀才传阅观赏。从此，只要指定事物让仲永作诗，仲永立即能写出来，且诗词的文采与寓意都有可欣赏的地方。

仲永的才能被广为传颂，仲永的父亲跟着沾光。同县的人渐渐开始礼遇仲永的父亲，更有人向其重金求取仲永的诗。仲永的父亲认为这样有利可图，开始阻挠仲永学习，每天带着仲永四处拜访同县的人。就这样，日子一天天过去，等仲永十二三岁的时候，作出的诗早已不能与从前的诗相比。又七年过去了，仲永早已不能作诗，也与普通人没有任何区别了。

后人将仲永的遭遇归咎于他后天接受的教育没有达到要求，诚然这是一个重要的因素。但仲永最终变成一个平凡的人，与他没有坚守和努力也有着密不可分的关系。

俗话说，强按牛头不喝水。如果仲永对写诗、继续学习有迫切的愿望，无论仲永的父亲怎样阻挠，仲永也会朝着写诗的梦想之路前进；如果不是人的骄傲心理，如果不是有人天天称赞仲永"小小年纪就能写出这样的诗，小神童啊""前所未有的天才"……仲永又怎会不追求进步？其实，面对这种情况，相信很多人都会沉浸在其中不能自拔。

在梦想没有实现之前就开始享受，迎来的永远不会是光明与希望，梦想也会离你越来越远。所以，想要实现梦想，即使面临困境，甚至有人阻挠，也要坚守自己的内心，不能放纵自己去享受。

音乐大师汉斯·齐默尔从小的梦想就是当一名音乐家。然而，学习音乐需要一笔不小的费用，出生于穷困家庭的他自然承担不起，更别提买一架钢琴了。

但昂贵的费用没有吓退汉斯·齐默尔，他仍坚守梦想，沉迷于音乐。没钱买钢琴，汉斯·齐默尔就自己动手做了一架"钢琴"。说是钢琴，不过就是用纸板做了一个模拟的钢琴键盘。纸板做的钢琴键盘，无论怎样弹奏自然都不会发出任何声响，但汉斯·齐默尔依旧每天用心地在这架"钢琴"上练习曲谱，即使十指磨破了也不间断弹奏。

奇迹就这样出现了，弹着弹着，汉斯·齐默尔能够自己作曲，并且这些曲子很受欢迎，不少人愿意出钱购买。

汉斯·齐默尔用自己作的曲子赚了不少钱，生活开始有所改善。然而，别人的赞誉，金钱的诱惑，常常会让人忘乎所以，沉溺其中不能自拔。所幸，汉斯·齐默尔没有忘记自己曾经的梦想，也没有放纵自己，让自己沉浸在享乐中，而是用赚来的钱，买了一架真的钢琴继续钻研音乐。

钢琴虽是真的，却是二手的，总是发不出声音，即使发出声音也总是跑调。汉斯·齐默尔却毫不嫌弃。发不出声音、跑调，他就自己动手修理、调音。在钢琴的陪伴下，汉斯·齐默尔沉醉在音乐的世界中，甚至有些走火入魔。因为他常常会从梦中惊醒，一边嘴里念叨着音符，一只手在空中不断弹奏着，一边一只手在本子上飞快地写着。

梦想最终照进了现实。不到二十岁的汉斯·齐默尔已经在世界乐坛享有盛名，并成为著名的好莱坞电影音乐创作者。

古人云："天将降大任于斯人也，必先苦其心志，劳其筋骨，饿其体肤，空乏其身……"梦想不会主动照进现实，坐享其成更不可能，要实现梦想、品尝幸福的果实，必须不懈坚守、奋斗。坚守、奋斗是实现梦想的基石，只有深切认识这一点，才会懂得享受只会让你离梦想越来越远。

请记住，在梦想实现之前，你不配享受。享受是实现梦想的绊脚石，若想实现梦想有所成就，必须远离享受的诱惑，付出比别人更多的努力。

不给自己找借口，你就赢了

美国西点军校有一个传统，那就是不管长官提的问题是什么，得到的回答只能是："报告长官，是。""报告长官，不是。""报告长官，没有任何借口。"除此之外，不允许多说一个字。

例如，长官问你："你认为你这样就把任务完成了吗？"可能会因为种种原因导致你没有按时完成任务，你的第一反应是想为自己辩解，但是此时你所有的辩解都是多余的，因为你的辩解不在上面所说的标准回答范围之内，你只能回答："报告长官，不是！"如果长官问你："为什么？"你的回答也只能是："报告长官，没有任何借口。"

西点军校之所以这样要求每一个学员，就是要让他们忍住压力，恪尽职守，争分夺秒完成任务，没有任何借口。

成功者永远在找方法，失败者永远在找借口。不给自己找借口，你就赢了，你就能打开困局，将鸡毛蒜皮的小事看开，将挡在面前的苦难看淡。

相声界的郭德纲，之所以能够有如今卓越的成就，一定程度上源于他不给自己找借口。

二十岁出头时，郭德纲来到北京拜师学艺，可是一没门路、二没举荐怎会得到别人的青睐？四处碰壁之后，郭德纲和朋友组成了一个小小的俱乐部，每日在街头卖艺。

郭德纲每次演出都很卖力，即使夜幕降临，街上已经不见行人的踪迹，他仍会在台上反复练习新学的段子，哪怕嗓子已经有些嘶哑，舌头开始打结仍不停歇。朋友们都看不下去了，劝道："不就是混口饭吃嘛，用不着这么拼命吧。"对于朋友的劝说，郭德纲一笑待之，依旧拼命背诵、练习相声段子。在那段时间，他没有看过一场电影，没有逛过一次街，甚至没有好好睡过一次觉。

播撒下的种子，辛勤耕耘之后终于开花结果了。郭德纲开始在朋友圈初露锋芒、小有名气。

然而，磨难似乎十分偏爱郭德纲，总是一次次降临在他的身上。即使如此，郭德纲也没有为自己的失败找借口，而是不断告诉自己，坚持不下去就再坚持一下。

在无人问津的日子里，郭德纲仍旧像往常一样练习段子到深夜。

就这样，长期不懈的坚持终于让郭德纲在北京站稳了脚跟。

如今，郭德纲已是家喻户晓的相声演员。

生活中经常有人为自己这不行那不行找各种各样的借口。的确，借口通常是人们失败、做错事情的挡箭牌，是人们敷衍别人原谅自己的护身符，是逃避责任掩饰弱点的保护伞。失败的时候、做错事情的时候，人们的第一反应是为自己辩解，"我已经竭尽全力了，是问题太难解决了""不是我的错，是他们太笨，不能理解我的方式方法"……作出这样的辩解，问题就能解决？错误就能纠正？不能。所以，与其花费力气找借口，不如再拼一把、努力一把。拼搏、努力之后，并不一定会成功，但会离成功更近一步，这是无疑的。

"不给自己找借口"这样的信念，看似冷酷无情，实则犹如破釜沉舟，在阻断退路的同时，能够最大限度地激发一个人的潜能，增益人们向前走的力量，让人们在失败之后也能将失败作为实现梦想的垫脚石，而不是让借口成为实现梦想的绊脚石。

人生没有借口，不给自己找借口，你就赢了，因为梦想永远属于那些不找借口的人。

别让苦难失去了本来的价值

尽管人们常说，苦难是人生的财富，是成功者的阶梯，但是又有多少人能够经受住苦难的考验呢？很多人心甘情愿变成苦难的俘虏，屈从于困难，最终一事无成。

当然，也有人在苦难面前选择挺起胸膛，对苦难"兵来将挡，水来土掩"，与苦难斗争到底，直到将藏在苦难背后的梦想实现才肯罢休。

三毛曾说过："苦难对我们，成了一种功课，一种教育，你好好地利用了这苦难，就是聪明。"

孙康自幼就有一个读书梦，可是一贫如洗的家没有多余的钱财供他读书。所以，每天天一亮，孙康就要起床帮助家里干活，直到夜幕降临他才有喘息休息的机会。

但孙康不愿成为苦难的奴隶、时间的俘虏，所以白天没有时间，就晚上读书。无论白天劳动多么辛苦，他都会挑灯夜读，而且一读就是一夜。一夜就要点一盏油灯。孙康家里本就贫困，哪里有钱买那么多油灯？不得已，孙康只能缩短读书的时间，但读完书躺在床上的孙康不会睡觉，不是在背书就是在加深书中的要领。

读书不能尽兴，心里总归有些不爽。一年冬天，当孙康蜷缩在床上裹着棉被继续背书的时候，看到窗口处越来越明亮。

"天亮了？今天天亮得格外早啊！"孙康疑惑着打开门一看，原来下雪了，白雪把外面照亮了。"这么亮，我可以在白雪的映照下读书呀。"孙康一边说着一边捧着书跑到了门外，蹲在雪地里开始看书。刺骨的寒风吹透了他单薄的衣衫，他也全然不在乎。从此，孙康不再为油灯发愁，整个冬天，只要地上有积雪，他就会彻夜映雪读书。

功夫不负有心人。面对苦难，孙康砥砺前行，不间断地读书学习，最终有了回报。孙康学有所成，成了一位很有名望的学者。

苦难蕴藏着无尽的价值，它既是成功的催化剂，也是人生中一道盛放着绚丽花朵的风景。因此，不要幻想着人生总是那么圆满，天空总是晴空万里。想成功，面对苦难就要多付出、多努力。只要你足够坚强，意志足够坚定，就能在苦难的磨炼下实现梦想、收获成功。

一棵小草不可能变成参天大树，但一个小人物经过苦难的磨炼可以成为一个大人物。所以，请记住，别让苦难失去了它本来的价值，一定要经受住苦难，只有经受住了，你才会收获不一样的风景。

告别那个畏缩不前的自己

　　失败乃成功之母。这句话表达的意思很简单，只要你不断尝试，即使失败，也别害怕、别退缩，勇往直前地继续尝试下去，就会离成功越来越近。

　　面对未知的事情，面对困难、苦难，谁都会害怕。因为害怕，很多人宁愿守着毫无意义的生活，像驴拉磨一样周而复始地在原地打转也不愿意去改变。其实，无论如何都应该尝试一下，看看未知的事情是不是真的那么可怕，挡在前面的困难是不是真的那么难以逾越。

　　小马和它的妈妈住在河边。一天，小马妈妈将小马叫到身边，说："你已经长大了，可以帮妈妈做事了，能帮妈妈送一袋粮食到河对面的村里吗？"

　　小马欢快地答应了。它驮着粮食飞快地往目的地跑去。然而，一条没有桥的大河挡住了小马的去路。"只能蹚过去了，可是河水到底有多深呢？"小马犹豫着不敢下水。此时，小马看到不远处吃草的牛伯伯，便赶紧跑过去问："牛伯伯，您知道河里的水有多深吗？"牛伯伯挺起庞大的身躯，笑着说："不深，河里的水只到我小腿的位置。"小马谢过牛伯伯以后，高兴地跑回河边，正迈开腿准备过河，忽然一个声音响起："小马，别下河，河里的水可深、可深啦！"小马低下头一看，原来是小松鼠在说话。

"前两天我的一个小伙伴不小心掉进河里，然后就被河水卷走了。"小松鼠翘着漂亮的尾巴，瞪着圆圆的眼睛继续说道。

小马一听，又害怕又犹疑，牛伯伯说水浅，小松鼠说水深，究竟该怎么办？小马不敢下水过河，只好原路返回。

小马妈妈看到小马驮着粮食回来了，便迎上去问为什么，小马一脸伤心地将牛伯伯和小松鼠的话讲给妈妈听。小马妈妈安慰道："没关系，妈妈陪你到河边看看。"

在妈妈的陪伴下，小马再一次来到河边。这次，小马妈妈让小马自己去试一下，看看河水到底有多深。小马鼓起勇气，试探着将腿靠近河水，小心翼翼地一步一步在河里行走，最终小马蹚过了河走到了河对岸。

小马这才明白，河水既没有牛伯伯说的那么浅，也没有小松鼠说的那么深。只有自己试过才能知道河水到底有多深。

成败就在一念之间。如果你害怕，畏缩不前，你期望的，只能以失败告终；如果你勇敢面对，敢于迈出尝试的第一步，就会进一步实现你所期望的。

当一个人对一件事情没有信心、没有把握的时候，确实会害怕。生活中也不乏这样的例子。当竞争部门经理需要毛遂自荐时，你因为害怕落选被同事取笑而不敢尝试；学习一门新技能，你因为害怕坚持不下来而轻言放弃；遇到心仪的男孩或女孩，你因为害怕被拒绝而告诉自己算了吧……

因为害怕而畏缩不前的事情，每天都在发生，正因为这样你就会成为思想上的巨人，行动上的矮子。虽然你一次次迸发实现梦想、想要成功的期望，但是面对挡在你面前的阻碍，你又一次次告诉自己"这个也许会很难，我不可能办到的"。长此以往，你能得到的也就可想而知，除了失败还是失败。

你可能会觉得委屈：为什么自己永远都是失败者？为什么自己总是一事无成？为什么老天连一点点的运气都不给？你可能也会觉得，或许就是自己资质差、能力弱，所以只能永远做羡慕忌妒别人的那个人。

别委屈，也别自怜，种下什么样的种子就会结什么样的果实。你为梦想、期望播下朝令夕改的"决心"，三心二意的"耐心"，怕苦懈怠的"恒心"，收获的果实自然就是梦一场。

就像小马过河一样，未知的事情、挡在面前的阻碍也许真的有些可怕，但你不去尝试，你怎么知道自己不能克服呢？

将肯德基从当初的一个街头小店发展到连锁店，甚至覆盖全世界，哈兰·山德士走过了一条艰难的创业之路。

当时，因为"二战"爆发，政府对石油实行配给制度，哈兰·山德士又不得不将加油站关闭。再加上新建的横跨肯塔基的高速公路恰巧穿过哈兰·山德士的餐厅，因此哈兰·山德士不得已将餐厅关闭。

一夜之间，哈兰·山德士变成了穷光蛋，这对已经56岁的哈兰·山德士而言无疑是致命的打击。但面对残酷的现实，面对迷茫的未来，哈兰·山德士没有放弃、没有害怕，他苦思冥想，最终想到他曾经将炸鸡技术卖给一个饭店老板，而饭店老板每卖出一只炸鸡，就会给他5美元。

那么，何不将炸鸡秘方卖给更多的人？想到就去做，没有丝毫犹豫，没有丝毫害怕被拒绝的心理。带着一个压力锅，一桶炸鸡配料，哈兰·山德士义无反顾地踏上了兜售炸鸡配方的征程。

哈兰·山德士身穿白色西服，打着黑色的蝴蝶领结，顶着一头白发，从肯塔基州到俄亥俄州，不停地向饭店老板兜售炸鸡秘方、表演炸鸡技术。然而，哈兰·山德士遭到了一次又一次的拒绝。但每一次的拒绝都没有让他生畏，让他退缩，他仍西装革履，面带微笑地向下一个目标前进。

经历了磨难，并克服了磨难以后，就是成功。哈兰·山德士终于收到了肯定的答复。之后，哈兰·山德士收获的成功像滚雪球般越滚越大，最终，哈兰·山德士建造了属于他的快餐神话。

每个人都有自己的梦想，对成功有所向往，对未来有所期许，但在实现的过程中，总会出现各种困境。与其害怕，不如勇敢尝试。尝试过之后，你就会知道，很多时候不是你做不到，而是你被自己害怕的心理限制了行动。

别为自己设限，告别那个畏缩不前的自己，勇敢去做，失败没有关系，跌倒了完全可以爬起来继续前进。

你的努力，要配得上
你的年纪

第二章

坚持梦想，不忘初心

有梦想就要大声说出来

在莱特兄弟心中，梦想是"将来一定能制造出一种可以飞上蓝天的东西"；在袁隆平的心中，梦想是"杂交水稻的茎秆像高粱一样高，穗子像扫帚一样大，稻谷像葡萄一样结得一串串"……

他们是有梦想的那批人，他们也是幸运的那批人。因为他们有勇气说出自己心中的梦想，为了实现梦想，奋斗不息、坚持不懈，最终梦想照进了现实。莱特兄弟发明了飞机飞上蓝天，杂交水稻真的长成了如袁隆平期望的那样……

所以，无论你处于什么样的位置，不管你在什么年纪，只要有梦想，就要大声说出来。

陈青，从小就对北京充满无限向往。大学毕业之后，陈青拒绝了家人为她安排的安稳工作，不顾父母的反对，提着重重的行李，坐了二十多个小时的火车来到了北京。

在踏上去往北京的火车之前，陈青的朋友们还在轰炸似的给她发信息："你一个柔弱的姑娘，跑那么远干什么？""咱们小县城容不下你吗？一定要去北京。""我都羡慕你爸妈给你安排的工作，你怎么那么想不开，说拒绝就拒绝了，说去北京就一定要去北京。"……

看着朋友们的信息，陈青笑了，笑中带着些许"燕雀安知鸿鹄之志"的意味。然后，她打开朋友圈，发了一句话："北京，我来了！北京，我一定会站稳脚跟！"

朋友圈消息发出去了，梦想也昭告天下了，剩下的就是埋头苦拼。然而，一下火车，陈青就被小偷"光顾"了，浑身上下只剩下500块钱。但在偌大的北京，只有500块钱，怎么活下去？梦想还没实现，甚至还没踏出北京的火车站就要打道回府？不，即便只剩500块钱，我也要坚持下去。陈青这样想着，便坚定地向北京的怀抱走去。

钱不多，在找到工作之前只能省着点。于是，她选择租住最便宜的地下室，一天三顿啃面包、吃馒头、泡方便面。终于，一个星期以后，陈青接到了一家设计公司的录取通知。

因为是职场新人，所以免不了被前辈支使干一些杂活，一会儿复印资料，一会儿跑腿送文件，一会儿又去楼下买咖啡……繁忙的一天，手头的工作根本没有时间去做，但一想起自己"要在北京站稳脚跟"的豪言壮语，她更坚定了不能认输的决心。所以，即使在公司工作至深夜甚至天亮，她也没喊过一声累；即使在租的地下室中冻得瑟瑟发抖，她也只是裹一裹身上的棉被继续埋头设计。

然而，陈青设计的很多方案都被经理否定了，经理不是说"太乏味""不符合客户需求"，就是说"没有创意"……自己的付出与努力被人轻易否定，陈青心里感到无比委屈，但她依然没有自暴自弃，一次次将文案进行修改，不知道怎么让文案变得活泼就翻看经典案例；不符合客户需求就一字一句地解读客户的话，总结客户需求……每次修改，陈青都拼尽全力，不达到自己的修改标准绝不交给经理。

陈青的努力、上进都被经理看在眼里。一天，经理下发了一个升职通知，提升陈青为部门主管。瞬间，办公室炸开了锅，所有人都用不可思议的眼神打量着陈青，好像在说一个25岁的小姑娘，凭什么能当主管？

但经理的一段话解开了众人的疑问："你们当中有哪个人能做到陈青那样吃苦、耐劳、不抱怨？每次将文案交给你们，你们都是敷衍了事，修改也只是换汤不换药。陈青是怎么工作的，怎么修改文案的，你们都看在眼里，我也看在眼里。她能有今天的成就完全是她自己争取来的。"

之后，陈青像开挂似的一路高升，薪资也从最初的两千、五千涨到上万。此时，陈青从朋友们口中听到的不再是质疑，而是："厉害呀，青，真的在北京闯出一片天地了。""当初我能够像你一样出去闯一闯就好了。""青，恭喜啊，说到做到了。"……

陈青笑了笑，带着些许安慰的意味，然后又一次打开了朋友圈，发了一句话："你有梦想吗？敢大声说出来吗？说出来以后，在逐梦的过程中，你就能咬牙吞下所有委屈、眼泪、心酸。我有梦想，我说出来了，所以我成了我想要的模样，得到了我所期望的。"

周星驰说过："做人如果没有梦想，和咸鱼有什么分别？"的确，一个人如果没有梦想就如同行尸走肉，生活完全没有意义。梦想是个好东西，只要有梦想，你的人生才会有意义，你才能拥有更高品质的生活。

芊芊从幼师毕业后，成了县城幼儿园的一名教师。但是，芊芊从小的梦想却是成为一个园艺师，每天与花草为伴。

工作勤奋的芊芊，在工作的几年间多次获得嘉奖，还获得了区幼儿园一级教师的称号。在人生不断走向高峰时，芊芊也遇到了自己的真爱，并组建了家庭。

可就在芊芊处于事业上升期时，她却突然向大家宣布，自己已经辞职，准备回乡创业。

父母很不理解："你说说你，这是为什么啊？好好的工作怎么说辞职就辞职了？当老师多好啊，福利待遇好，有寒暑假，每天就是逗逗孩子，轻松惬意，去哪找这么安稳的工作啊？"

芊芊却说："可是有自己的植物园才是我的梦想。当时，我考幼师就是听从了你们的建议，现在我想实现我自己的梦想了。"

母亲着急地说道："你说的什么多肉植物，我们不懂，也没见过，可你认为这样的东西在咱们这样的地方能有销路吗？你简直就是疯了，你这梦想是实现不了的。"

芊芊坚定地说："不趁着年轻实现自己的梦想，我怕我老了会后悔的。"

幸运的是，芊芊得到了老公的支持。夫妻二人在家乡租种了一片土地，盖起了大棚，四处学习养殖多肉植物的方法，还自学了很多知识。慢慢地，他们学会了选种、育苗，而且引进了世界各地的优秀品种，甚至杂交出了新品种。

如今，芊芊的多肉植物已经远近闻名，甚至还远销其他省市。

每逢有记者采访，芊芊总会感慨道："其实创业之初，我也有很多担忧，比如怎么销售，怎么养殖。但是，梦想就是这样，像养殖多肉植物一样，仅仅挂在嘴边，留在心里是不够的，必须努力实现，才能真正让梦想之花绽放。在实现梦想的过程中，我经历了很多，但也收获了很多，还结识了很多朋友。总之，做自己喜欢的事业，把梦想努力变成现实的过程，让我很有幸福感、满足感，虽然很苦，但是我很快乐。"

梦想，是个极好的东西。无论"好孩子"还是"熊孩子"，只要有梦想，就有前进的方向和动力，然后就能在追逐梦想的道路上，褪去青涩，渐渐长大。

梦想是阳光的，它使人们由浮躁走向踏实，由彷徨走向坚定，走向成功。

梦想是有力量的，它是人生前行的动力之源，可以激发一个人生命中的潜能。

人生因梦想而高飞，人生因梦想而伟大。给自己一个梦想，一个远大的目标，就能让梦想带着自己在人生辽阔的天空自由飞翔。

梦想就是生命中一双无形的翅膀，唯有梦想的力量，才能激励和激发我们的生命摆脱平庸和低俗，克服人性的弱点，走向优秀和杰出。

这个过程可能很艰苦、漫长、枯燥，也可能很煎熬，可是只要你能熬过这些苦痛，最后就会到达属于你的顶峰。

孤独，是梦想自带的体验

在追逐梦想的路上，肯定会遇到荆棘和坎坷，甚至可能会遭到周围人的反对、嘲笑或者质疑，所以许多人因此选择了放弃梦想，过着安逸、没有争斗的生活。换句话说，如果想要坚持梦想、实现梦想，则要走上另一条路。这条路或许没有任何人的支持和帮助，抑或要在众人的质疑声和讽刺声中前行，甚至要一个人去奋斗。

因此，孤独，似乎是逐梦路上自带的体验，是一种考验，能否取得满分，就看你是否耐得住寂寞。

张恒，人如其名，是一个对梦想持之以恒的小伙子，他不负众望，也没有辜负自己的努力，考上了北京某大学计算机系，而且毕业后成功应聘到了一家软件公司工作。

每次休假从家乡回北京时，张恒都会带一些土特产。尤其是他从家乡带回来的小米，熬粥时，阵阵米香扑鼻，喝到嘴里米油醇厚，暖胃又健康。很多同事每次来他家喝粥时，都会止不住称赞："你别说，你家乡这小米真是绝了，有我小时候的味道，可是长大了就几乎没喝过这么香的小米粥了。"

张恒每次听到这样的称赞都会不停地叹息："是啊，但这么好吃的东西就是卖不出去，我也奇怪。所以，我决定了，我要回乡种地卖杂粮。"

同事们笑笑说："别逗了，你是不是傻了？你上了这么多年学，好不容易在北京找了一份还不错的工作，而且收入还行，现在却要回老家种地？从头开始？"

第二天张恒就向公司人事部提交了辞职报告，踏上了返乡的列车。

回到家，父母看到突然回家的张恒有些吃惊，以为出了什么事，就急忙问他。张恒说："我辞职了，我决定回家种地卖粮，我要把我们家乡的土特产销往全国。"

张恒的话刚说完，老父亲"啪"的一巴掌，有生以来第一次打了他："你这个混账，我们辛辛苦苦供你上大学也就算了，现在你工作好，收入也不错，怎么说不做就不做了，也不和我们商量，还要回家种地，你会吗？你赶紧给我回北京，否则别认我这个爹。"

张恒一声不吭，第二天扛起锄头下地去了。就这样，每逢张恒在地里干活，总有同村人在背后指指点点。可是张恒并不在意，还是边跟村民学种地，边大量查阅资料。

　　一年后，张恒已经掌握了农活技术，再加上用菜枯做肥料，精心拔草和稻鸭共作的新型种植方式，张恒承包的30亩水稻田达到了亩产800斤。张恒还充分利用自己学到的互联网知识，依靠淘宝等电商平台，注册了一家杂粮网店。一个月时间，销售额竟达到百万，成为百余个网上店铺的供货商。

　　老父亲激动地拉着张恒的手说："咱们村是贫困村，我们种了一辈子地，也没见过这么多钱。爹真是错怪你了，没想到你的梦想是帮我们整个村脱贫致富。"

　　张恒说："爹，我其实一直没跟您说过，我从小就有一个梦想，就是让全国人都吃到咱们种的米，让咱们的米卖出好价钱，也让更多的人吃到健康的、绿色的农产品。我觉得这就是我回乡创业的最大愿望。"

　　坚守，不会亏待每一个孤独前行、努力付出的梦想家。虽然追逐梦想的过程是艰辛的、孤单的、漫长的，但是只要内心坚定，就一定能够让梦想实现。

　　有一部美国励志电影叫《风雨哈佛路》，影片的主人公莉丝从小出生在美国的贫民窟。父母由于长时间酗酒和吸毒，先后进了收容所。无人看管的莉丝无奈之下只能到处乞讨，和一群流浪的孩子住在城市的下水道、桥洞中，靠别人的救济、施舍、乞讨来生存。最饿的时候，莉丝曾经用一管牙膏充饥。

　　莉丝四处流浪时，母亲因感染艾滋病而去世。从此，莉丝决定不再过这样的生活，而是要重返校园。"我知道外面有一个更好、更丰富的世界，而我想生活在那样的世界里，请您给我一个机会，我很聪明，我相信只要不停地努力，我就可以改变现状，甚至可以改变我的一生，我现在只需要您给我一个机会。"在莉丝真诚的恳求下，校长同意了她的入学请求。

十五岁的莉丝第一次踏进学校大门。但是由于到处流浪，莉丝很久没洗过头了，头发上长满了虱子。在考试时，虱子掉到试卷上，全班的同学都嘲笑她，更没有一个同学愿意与她成为朋友。直到莉丝参观了哈佛大学，并认识了曾经四处流浪，却通过上学改变命运的莉萨。同时，莉萨的故事也坚定了莉丝要换一种活法的念头，甚至认定了只有知识能够改变命运。

于是，每天在公园、地铁、图书馆，有免费休息和灯光的地方，都能看到莉丝的身影。仅仅两年时间，莉丝就通过了十门课程的考核，完成了同龄人需要四年时间完成的学业，而且全部是优秀。

最终，莉丝成了一名小学教师，有了自己的房子，自己的家庭，实现了自己的梦想。

任何人在逐梦的路上，都可能经历黑暗，这时候可能没人支持和陪伴，你可能是孤独的前行者。但请记住，能帮助你度过黑暗、实现梦想的只有你自己，无论有多难多可怕，只要坚持走下去，就会变得不一样。

你的认真，终让梦想开花

在中原大战中，冯玉祥的部下发电报时，一不小心把会师地点"沁阳"打成了"泌阳"，由此贻误了战机导致败北。此次战役也被戏称为"败在一撇上"，但很明显，不认真才是导致这场战役失败的关键性因素。

什么是"认真"呢？无论在生活上，还是工作、学习上，认真都是一种态度、品质，是做事执着、专心、严谨的精神品质。当梦想有了认真的助力，各种机会就会纷至沓来。

孟奇是一个做什么事都非常认真的女孩，尤其是在工作上，无论上司交代给她什么工作，她都会竭尽全力完成，并争取做到最好。

有一次，主管让她做一个季度销售工作总结的PPT。当时主管交代的是，只要把数据填充进去，适当写一些文字即可。可是孟奇觉得这样不足以说明问题，达不到总结的效果。

于是，她查找了公司两年前同时期的数据做对比，甚至费尽心力找到了同行几家有实力的公司数据做分析，并找到了工作中的短板，提出了自己的建议。每一次类似这样的工作，孟奇都会超额完成，让上司极为满意。

在销售旺季，孟奇为了将手头上的工作做到尽善尽美，更是认真地计算、核对数据到深夜，才会离开公司。

有一天，老公实在看不下去了，就打电话抱怨说："你别傻干了，这么一点点工资，至于你这么认真对待吗？老老实实做好你的工作就好了，没必要事事都那么认真负责，否则只会累死你自己。"

孟奇知道老公是心疼自己，但她还是按照自己的原则做事，哪怕每天加班也必须把工作认真做完。虽然在周围的人看来，孟奇这样认真工作有些傻，但她并没有在意。

在一次大型销售活动中，公司的营销方案策划人员恰好请长假了，老板正着急之时，孟奇做出了两套策划案递到了老板手中，一套针对年轻消费者，一套针对中老年消费者。老板仔细看了一遍，惊讶地说道："想不到你这么认真。现在很多写策划案的年轻人，虽然创意十足，但是全篇都是错别字，每次一看到这样的策划案我就不想看了。你的策划案写得很仔细，不仅没有错别字，甚至还准备了针对不同群体的不同方案，我很满意。"

因为认真，孟奇提升了工作技能，也给人留下了好印象，随后各种机会接踵而来。认真之所以对于梦想、对于人生、对于工作和生活这么重要，就是因为对"毫厘"的极致追求是成功的保障。尤其是当你距离梦想还有很长一段距离时，认真的精神绝对不能少。

吴京在《战狼》之前拍摄了很多电影，却没能被观众熟知，也没能大红大紫。但是，从吴京成为演员那一刻开始，认真诠释每一个角色，做好每一个动作就成了他对自己最基本的要求。

为了在《战狼》中演好一名战士，吴京只身前往特种部队。每天他都亲身参加训练，和官兵吃住在一起。也正是在这段时间，吴京有机会接触到各种枪械的拆装、排雷布雷技术，还学会了跳伞，这都为他演好角色打下了坚实的基础。

拍摄《战狼Ⅱ》时，吴京更是在非洲住了一年。而且，在拍摄开头一段只有几分钟的跳海以及在海中搏斗的戏份时，为了让画面更好看，他连续跳了26次海，最后被救生员救上来后，他感慨地说："我感觉自己差点就死了。"

尽管如此，吴京还是亲自完成了电影中的所有武打动作，甚至对动作的速度、力道都有十分苛刻的要求，直到拍到他想要的效果才可以。

正因为吴京的认真，成就了《战狼》和《战狼Ⅱ》震撼人心的画面感，也让吴京走进了更多人的视野中。

认真的可贵处，在于对梦想的专注，对成功的默默坚持与守望，绝不轻言放弃，坚持不懈地做好每一件事。

"万物得其本者生，百事得其道者成。"梦想的实现，离不开认真之"道"。

梦想，从不应该受到地域限制

奥普拉在她的经典节目脱口秀中说过："人低微、穷困没关系，只要有梦想的存在，就一定能主宰自己的命运，脱离困境。"每个人都可以有梦想，即使你出生的地方贫穷、落后，但是一点也不妨碍梦想的生长。

2018年的世界杯落下帷幕以后，仍被人们津津乐道——东欧劲旅波兰队竟然被塞内加尔击败了。塞内加尔的经济自然比不上欧洲国家，而且在大众的认知里，非洲经济虽有很大发展，但还是意味着贫穷。贫穷意味着身体素质的落后，专业训练和指导的缺失，正规场地的匮乏，可是塞内加尔却给了世界一个意外。

事实上，这个"意外"并不意外。在一个普通的清晨，小阿尔弗雷德在塞内加尔西南部的一个城市出生了。父亲得知儿子出生的消息，高兴得连鱼都不打了，抱着孩子亲了又亲："我的儿子以后一定会成为最伟大的渔夫。"父亲总喜欢牵着小阿尔弗雷德到卡萨芒斯河河岸："来，儿子，看爸爸给你打一条大鱼回去炖汤喝。"可他看着父亲捕鱼，却没什么兴致，反而在河岸的沙地上支起一个破渔网，玩着自己的小破皮球，不停地追着皮球，把它踢进渔网中。

后来阿尔弗雷德上学了，并加入了校足球队。回家后，阿尔弗雷德告诉父亲："爸爸，我以后想去踢足球。"

父亲遗憾地说："我的儿子，你竟然不想成为济金绍尔最厉害的捕鱼手吗？"

阿尔弗雷德摇摇头说："我要踢足球。"

父亲想了想，说："儿子，家里虽然没能给你富裕的生活，但在你的梦想上，一定不会吝啬。你去达喀尔吧，那里一定有最好的教练。"

阿尔弗雷德虽然在踢球上没有花哨的技巧，但他有着乡村男孩的野性和强健，稍加指导就可以领悟。十九岁的阿尔弗雷德加入了俱乐部，成了职业足球选手。

六年后，一个温和的午后，卡萨芒斯河河岸响起了一阵阵欢呼。"赢了！我就说我儿子是最厉害的吧！你们瞧他那健壮的大腿。"老阿尔弗雷德捧着一碗鱼骨汤兴奋地说道。

塞内加尔23名队员，有22名来自农民家庭。但在梦想的战场上，那些曾经在泥巴地里踢着劣质皮球的小男孩们，交了一份令世界惊艳的答卷。

梦想，从不会受到地域限制。如果你不把梦想局限在地域上，那么即使你生长于不毛之地，也不妨碍你追求梦想，它甚至会成为一种激励和动力，激励你前行，回馈你荣耀。反之，把起跑线看得太重，就会成为一个结，羁绊前进的步伐。

小静是个不折不扣的南方姑娘，白皙的皮肤上附着几颗小雀斑，有着很重却又很有意思的家乡口音。她向往北京，也如愿考上了北京的一所大学。临近毕业时，大家都早出晚归，忙着应聘，忙着考研，忙着实习，但小静似乎一直没有动作。

舍友小敏好奇地问："小静，你要考研吗？"

小静摇摇头说："不考，我妈说，现在学历高没用，都是关系户。"

小敏惊讶地问："哪有你说得这么夸张，那你毕业后不也要找工作吗？"

小静则丧气地说："我看了好多了，入职要求里都有普通话标准这个硬性规定，咱们住一起那么久，连你们都说我家乡口音重，我还是不敢去。"

小敏鼓励她说："哎呀，这都是次要的，我实习的地方还在招人，你要不要去试试？"

小静说："可是我根本比不过人家，我什么也不会。而且我的口音一下子就能让人听出我是来自外地的。"

小敏说："你不试试怎么知道比不过人家呢？还有，哪个公司招聘会挑剔你是来自哪里的啊？"

小静叹了一口气，说："唉，我家里又没钱又没关系的，怎么跟人家拼。"

小敏继续说："哪有那么复杂，有喜欢的工作就去试试，多简单的事啊。"

小静低下头轻声说："我还是觉得回老家比较好，北京的公司肯定都优先招本地人，我一个外地人，肯定没什么机会的。"

小敏着急地说："哎哟，我的姑奶奶，你这么想肯定找不着工作了。来自外地，就不能在北京找工作了？就不能追求自己想要的生活了？你总觉得自己低人一等，没有自信，连你自己都不相信自己可以，那还有谁能来肯定你呢？"

小静解释道："我没有自卑，我只是觉得他们都排斥外地人，我不会开心的。"

小敏说："可是你现在什么也不做，毕业后回了老家，难道你大学四年，就是来北京旅游的？"

小静听了有些生气地说："不用你管！"

就这样，两人的交谈不欢而散。

毕业日期如约而至，小敏顺利度过了实习期，成功地找到了一份适合自己的工作，开启了自己新的人生版块。而小静则收拾好包裹，回老家去了。小敏虽然帮她投递了公开简历，可这期间，打来的意向电话，小静都拒绝了。

后来同学聚会，唯独小静缺席。小敏通过小静的老乡才知道，小静回老家以后仍然没有参加工作，而是赋闲在家，还总说自己家境比不过别人，自己县级户口比不过市级户口。

　　小敏叹了口气，同学们也纷纷露出了无奈的脸色。

　　许多人困于家境，羞于贫困，向往北上广，认为那些人才有追梦的权利。实际上，只要心中有梦想，就没有什么能够限制你飞行。

你要学会一个人静静

很多年轻人都戏称自己是"群居动物"，最害怕的是一个人的时候的寂寞。这种想法越是持久，越是害怕一个人逛街，害怕一个人在家，害怕一个人睡觉，害怕一个人走路，甚至一个人找工作时都害怕，必须找个同伴一起参加面试。

然而，人生路漫漫，想要成长就必须先学会一个人处世。虽然会孤独，但是一个人只有学会独处，才能专注于自己的兴趣，更能看清自己。随着时间的流逝，这样的独处，必将开出幸福之花，让你的技能和优势大放异彩。

正如有人说过这么一句话："独处的时间是能力发展的黄金期。"但是，如果不愿意适应一个人静一静的方式，或者说不具备独处的能力，则可能会在工作和生活上遇到许多麻烦。

王平安大学毕业后，很快在北京找到了一份软件开发的工作，薪水和福利都不错。一下子，王平安成了家人骄傲的"资本"，他的父亲更是遇到熟人就夸赞："我儿子真是不错，现在工作体面又安稳，我们老两口就等着以后享清福了。"

谁知，不到半年，王平安就辞职回到了老家。

父亲又气又急地问："你怎么也不和家里商量，就回来了。工作不要了？在北京待着有什么不好，咱们这个小城市怎么和首都比啊？你脑子是不是坏掉了？我倒要听听你的理由。"

王平安一下子抱住了自己的父亲，失声痛哭起来，哽咽着说："爸，上大学之前我都没离开过家，从小我不是和你们生活在一起，就是有爷爷奶奶、姥姥姥爷陪着。到了大学校园，更是有老乡、一个宿舍的同学互相照应，平时一起上课、吃饭，周末一起出去走走。毕业后，我只能独自找工作、租房子住……"

没等王平安说完，父亲就厉声说道："一个人怎么了，都长大了，还怕一个人吗？你已经是个男子汉了！"

王平安抽泣着说："早晨没人叫我起床，醒来连口热乎饭都没有，连个问声早安的人也没有。晚上加班回到家，感觉只剩下孤独和冷冷的灯光，我感觉难受极了，我不习惯这样静静的生活。我以为这只是刚开始的感受，于是，我试着下班后或者周末跟朋友出去应酬，甚至熬夜打游戏，但是半夜回到家，我不愿意打开家门，我真的不愿意一个人在家里。"

父亲关切地说："不是有女朋友吗？可以做伴啊。"

王平安哭得更伤心了："就是因为害怕一个人，所以我喜欢黏着她，可是她觉得什么事什么时间都黏在一起，就没有自己的空间，她说和我在一起感觉很累，就跟我提出了分手。我发了无数条信息，但是她都没有回复。正因为我再也受不了一个人独处，我才狠心辞了职。"

父亲意味深长地问："孩子，你知道《射雕英雄传》里的老顽童吗？"

王平安点了点头。

父亲接着说："当时老顽童被黄药师抓到了桃花岛，为了自娱自乐，他发明了一种用自己左手打右手的对战游戏，结果练就了一身奇高武艺。一个人独处并不是多可怕的事，反而会激发你成长。你以后还是需要学会独处才行啊，谁也不能陪你一辈子啊。"

很多年轻人认为，在忙碌的工作和紧张的生活面前，有了事业、家庭，责任就变大了，独处的时间就变少了。这虽然没错，但他们总觉得人多热闹才更适合自己，因此，呼朋引伴成了生活常态，每天开始热衷于觥筹交错，开始喜欢流连于各种应酬，开始习惯于下班后不想回家。

实际上，独处并不意味着放弃社交，也不是要习惯孤独，更不会失去欢愉，而是每天留出一定的时间和空间，做自己喜欢的事情，过自己想要的生活。

赵一鸣是一个工作了一年的程序员，可是由于实在不喜欢这份工作，他最终选择了辞职。辞职后，家人、亲戚朋友都替他着急，经常一见面就问："你咋还不找工作啊？"

赵一鸣则总是乐观地说："无所谓啊，不着急，我上了一年班，攒了一些存款，省着点花，足够我养活自己一年的。"

可父母总是恨铁不成钢地说："你这孩子真是不成器，有点存款就不干活了？花完了咋办？坐吃山空吗？趁着年轻找个力所能及的工作先干着，遇到更合适的再换也不迟啊。"

赵一鸣却坚定地说："爸妈，你们就别瞎操心了，我真的不着急，我的人生还有多少这样的时间让我什么都不做呢？"

一年后，以前的同事再见到赵一鸣时，他已经是一家律师事务所的注册会计师了。

同事惊奇地问道："天哪，这一年不见，你都干吗了？人也瘦了，怎么还变成注册会计师了？我差点都没敢认你了。"

赵一鸣平静地说："这一年我也没出去工作，我知道自己最大的兴趣还是看书和跟数字打交道。而我找工作最大的桎梏除了专业知识的匮乏，就是发福的身材。因此，我每天跑步、锻炼，坚持了一年，瘦了二十斤。其余的时间，我还考了驾照，读了一百本书，自学并参加了注册会计师考试，没想到竟然通过了，所以我就转行了。"

同事听了佩服得直点头。

原来赵一鸣用一个人独处的时间，厚积薄发，专注于自己喜欢的事情，静静地努力着。终于在一年的寂寞时光后，他收获了成功，变成了自己喜欢的样子。

每个人在生活中都是忙碌的个体，忙于满足学习、工作的需求，忙于追求更多的财富，但是永远也别忘了给自己留一点独处的时间，和自己静静地相处一下。想想自己真正的兴趣在哪，想想自己的优势和劣势，想想什么样的生活是自己想要的。

学会一个人静静，才能沉下心来把自己看得更清楚。

所谓成长，不只是
年纪的增长

学会放弃，是长大的标志之一

　　人生在世，就是舍与得的过程，你会得到很多，也必须学会放弃一些东西。比如放弃不适合的职业，放弃沽名钓誉，放弃扭曲的爱情，放弃已经破裂的婚姻，放弃无意义的聚会应酬，放弃坏脾气和不良习惯，放弃不必要的压力和忙碌……

　　只有摒除杂念，学会放弃，才能获得更多。

　　草原上的一位牧民，在放牧回家的路上，正好赶上了沙尘暴。狂风卷着沙粒，把羊群吓得四处乱跑。牧民无奈之下，快马加鞭奋力驱赶着羊群。不知道追了多久，牧民到了一个以前没来过的地方。

　　"喂，有人吗？"牧民大声朝四周高喊着。

　　但是除了空旷的回声，没人回答。远远地，牧民看见了一座破旧的小房子。牧民连滚带爬地赶到小房子，实在饥渴难耐，就想先讨杯水喝。牧民敲了敲门，但是没人应答。

　　牧民推开门，发现空无一人，只有密不透风的墙壁和一些干柴。他绝望极了，正当他准备离开时，却意外地在角落发现了抽水机。牧民一下子兴奋了，急忙上前按压抽水，但是无论他用了多大的力气，始终没有抽出一滴水来。

　　牧民再次感到绝望，一屁股坐到了地上。这时牧民发现抽水机旁边有个小玻璃瓶，玻璃瓶外面贴着一张发黄的字条。字条上赫然写着："如果想喝水，请将玻璃瓶的水灌入抽水泵，但是请切记，当您准备离开小屋时，请把玻璃瓶装满水。"牧民打开瓶塞，果然是满满的一瓶水。

　　牧民开始有些纠结："我要是自私一点，把水瓶里的水喝光，就能活着赶着羊群回家。但是万一我要是按照纸条上说的做了，把唯一的水源倒进抽水泵，结果没能抽出水，那我会不会渴死在这里呢？我是选择自私一点，还是选择冒一次险呢？"

　　最终，牧民还是选择把水倒进了抽水泵。当牧民小心翼翼地把水全部注入破旧不堪的抽水泵里然后按压时，抽水泵里喷涌出了很多水。牧民喝饱了水之后，按照约定又把瓶子里灌满了水，然后塞好木塞。他还在原来的纸条上加上了一句话：学会放弃，相信我，一定有用。

　　然而，有些人总是什么朋友都不想得罪，什么应酬都不想错过，什么生活方式都想尝试。结果这些欲望的杂草，让你想要得到更多的东西，有了更多的苦恼和心事。

　　学会放弃，是成长的必经阶段。放弃，不是懦弱，不是逃避，而是一种懂得取舍和豁达的人生智慧。

毕吉尔刚刚成为保险业务员时，可以说做得顺风顺水，第一个月就超额完成了任务。可是，正当他踌躇满志，打算大展拳脚时，却遭遇了工作上的"瓶颈"。尽管每天毕吉尔早出晚归，对客户说尽了好话，甚至为了成交，不惜一天登门拜访三次，但是结果却是残酷的。客户不但没有领情，有的客户甚至觉得毕吉尔麻烦，直接打电话说："以后再也不想看到你了。"因此，一个月下来，毕吉尔的销售业绩不但没有上升，反而有所下降。

那段时间，毕吉尔感到万分沮丧，整天哭丧着脸，对自己的前途感到迷茫，甚至时不时还会冒出要不要放弃这份工作的想法。

一个周末的清晨，被噩梦惊醒的毕吉尔"腾"地从床上坐了起来："我不能再这样下去。"

于是，毕吉尔开始思考自己的工作究竟是哪里出了问题，又有什么解决方法。他脑海中不断回忆着自己拜访客户的情景：为什么很多时候自己多次拜访了客户，马上就要签约的时候，客户又会反悔呢？还说要再考虑考虑，以后有机会再说？

思索了半天，毕吉尔还是没有任何头绪。毕吉尔索性拿出自己的工作笔记，翻看了上个月的成交记录和这个月的潜在客户和成交客户，他终于找到了症结所在，而且一个大胆的想法出现在他脑海中。

第二天，毕吉尔就开始改变策略。结果一个月下来，毕吉尔不仅把成交单价提高了两倍，而且新接洽的保险业务月销售额突破了百万元。也正是凭借这一战略，毕吉尔迅速成了整个美国保险业的明星。

后来，毕吉尔向大家公开了自己的成交秘诀。原来，通过查看自己的工作笔记，他惊讶地发现：在第一个月他所有的成交单子中，有七成来自第一次约谈就直接签约的，有百分之二十三是见过两次面之后，才决定购买的，只有百分之七是见过三次面之后才成交的。而实际上这两个月下来，毕吉尔花在这百分之七客户身上的时间，却占到了所有工作时间的一半还多。

因此，毕吉尔所谓的新工作战略，其实就是放弃那百分之七的利益，腾出更多的时间开拓新的客户。事实证明，学会适当的放弃，他成功了。

学会放弃购买那些喜欢，但是生活中又用不到的东西，你就学会了理财；学会放弃那些快捷、油腻的食物，你就知道自己做一顿晚餐有多温馨；学会放弃一次不撞南墙心不死的执着，多听听亲友的建议，你可能就会少犯一次错；学会放弃自己喜欢很久，但是又不在乎你的人，你可能就有机会遇到对的人。

当你学会放弃，就代表你在试着思考取舍，试着面对实际。只有学会放弃，才能迎接更美好的明天。

不要轻易看轻自己

　　每个人其实都有梦想，但是当你大声告诉别人你的梦想时，相伴而来的还有质疑声和嘲笑声："你不行，还是放弃吧，别整天异想天开了。"

　　当这些声音出现的次数多了，你也开始怀疑自己，觉得自己真的能力不够。于是开始看轻自己，追逐梦想的决心也没了。

　　小周从小就是个肉嘟嘟的男孩，一跑起来浑身上下的肉都跟着一起颤，在学校经常被调皮的孩子欺负，不是被单独锁在男厕所，就是作业本被藏了起来，尤其是上体育课，简直成了小周的噩梦。无论是前滚翻还是跳绳、跑步、接力，小周都成了大家嘲笑的对象，成了大家眼中"做什么都不行的路人甲"。

　　然而，小周却有自己的一片乐土，那就是每次看完动画片，自己写日记。时间一长，小周的文笔变得越来越好。每每上作文课的时候，都是小周最开心的时候，因为老师经常会拿他的作文当范文来朗读。

读高一时，父母发现儿子突然变瘦了，而且下肢无力。经医院诊断，小周患上了"肌肉萎缩症"。当时医生沉重地说："这孩子的病挺严重的，和霍金得的是同一种病，治愈的希望很渺茫，寿命也不会太长，你们还是做好心理准备吧。"

看到哭成泪人的妈妈，小周却像个大人似的坚强，他对妈妈说："妈妈，没事，别小看我，就算我生病了，手不能动了，我还有脚，脚不能动了，我还有个聪明的脑袋啊。相信我，我一定在有限的时间好好学习，努力实现我的大学梦、作家梦。"

但是，当时的小周无论是身体还是将来的人生，都不被看好。尤其是他想要读大学和成为一个作家的梦想，在外人看来更是不可能实现的。因此，亲朋好友每次看望小周时，说得最多的一句话就是："你还是好好保重身体要紧，其余的事情就别想了。"

果然，没到一年的时间，小周就瘫痪在床。但为了坚持学习和写作，小周开始用镜子反射看书。有了灵感，小周就会口述，然后让妈妈帮着记录下来。

后来经过几次手术，小周一边住院休养，一边自学了高中所有课程，还报名参加了当年的高考。当成绩公布后，小周激动得难以言表："我就说我能行吧。你们看，我考上大学了，我被录取了。"

从那之后，小周还通过网络接受大学教育，每天坚持以口述的形式写作。小周把自己如何与病魔抗争的事迹写进了自己的小说，不久之后还出版了。

虽然小周在常人眼中是个有重病的人，但是他并没有看轻自己，也没有放弃自己，而是用自己的坚强对命运发起了挑战，最后收获了硕果。

所以，无论你正在遭受多大的挫折和困难，请坚信，只要你不妄自菲薄，就能求得生存，就可以打败困境，迎接自己的蓝天。反之，一旦遇到苦难、挫折，就看轻自己，则会一事无成。

王珂和张举是在一起挤火车时认识的。没想到的是，他们居然还考上了同一座城市的大学。入学后，两人来往逐渐密切，后来就成了好朋友。

但是，张举却向王珂隐瞒了自己是专科生的事实。直到一年后，王珂在为英语四级考试而发愁，可是张举却说自己要考的是PETS时，王珂才奇怪地问："你为什么不考英语四六级呢？我问过师兄师姐了，他们都说PETS没什么用途，只不过是专科学生的必考科目，咱们只要过了四级就好了，你也别白费时间了，还是赶紧报名准备参加四级考试吧。"

张举挠了挠头，低着头轻声地说："其实，我就是个专科生。"

王珂有些诧异地说："啊，你为什么从来没跟我提过呢？再说，就算你是专科生，也不妨碍咱们成为好朋友啊。我是觉得你为人仗义，又没什么不良嗜好，所以觉得你这个朋友值得交。"

张举还是低着头，有些不好意思地说："我总觉得你们本科生瞧不上我们专科生，我怕自己说了实话，你就不把我当朋友了。"

从那以后，尽管王珂和张举还是一起出去玩、一起聚会，但是王珂再也不敢提学历的事，生怕伤了张举的自尊。到了大三的时候，所有同学都开始忙着联系单位实习、找工作，但是张举却学会了抽烟、喝酒。

有一次，王珂去找张举，恰好看见张举喝得醉醺醺地从学校外面回来，就大声问他："别人都在忙着实习、找工作，你怎么学会抽烟、喝酒了？"

张举一脸不屑地说："这才秋天怕什么，来年再找不就得了。再说，我一个专科生能找到什么好工作啊，毕业后没准我就要回老家了。现在抽点烟、喝点酒有什么关系。"

王珂生气地说："我算是看错你了，你自己都看不起你自己，还把堕落、逃避当成借口。专科生怎么了？专科生不比本科生差多少，是你妄自菲薄，自己主动放弃了努力和选择，就算毕业就失业，你也只能埋怨自己。如果真像你说的，那你为什么要上大学呢？"

当你开始看轻自己时，也就看不清自己了，就会忽略努力的重要性。一个连脚步都不敢迈出去的人，还指望能赢吗？久而久之，你可能真的会成为别人口中的一事无成的人。

对自己有期待，是件很重要的事

人和动物的本质差别，除了人会用双手劳动之外，就是人会有所期待，会思考。

动物从小到大都是自然地长大，而人类则可以通过对自己的期待，激发自己无限的动力，比如期待自己成为一名企业家，期待有更多的朋友，期待有更高的社会地位，甚至期待成为一个举世闻名的科学家、思想家。其实，只要你敢想、敢对自己有所期待，并为之不断努力，这些就会变成现实。

王佳从小学习民族舞，最大的理想就是将来当一名舞蹈老师，教孩子们跳舞。但是，王佳毕业的时候，农村教师资源匮乏。因此，王佳就直接被分配到农村一所小学任教。

农村条件相较于城市要艰苦很多，村里没有自来水，王佳必须每天从远处的井里挑水。刚开始王佳根本掌握不了扁担的平衡，没走几步路，水桶里的水就全洒了出来。更糟糕的是，村里经常停电，晚上很不方便。

当时，怀揣着舞蹈教师梦想的王佳，感觉自己的梦碎了，甚至没有任何希望了。然而，虽然生活条件不尽如人意，但是这里的孩子让她重新找到了那份期待。那就是孩子们喜欢舞蹈。

尤其是村里的小女孩，一听说要学跳舞，都扎堆挤进了教室。每天下课，王佳都会组织孩子们学舞蹈。由于条件有限，王佳就地取材，练基本功时就让孩子们把脚架到窗台上，一排窗台，就相当于一根把杆。

小女孩们扶着窗台开始压腿，下腰是在那种很脏、很黑的水泥地上进行的。六一儿童节的时候，王佳还借来演出服，把孩子们打扮得漂漂亮亮的去演出。后来，校长也觉得演得不错，就开始鼓励王佳，乡镇有什么文艺活动，也都交给她去组织。

有一次，王佳还自掏腰包，给孩子们买了服装。

1997年，恰逢香港回归，县里组织春节晚会，就把王佳借调去了。市电视台还进行了直播，演出也非常成功。正当县教育局打算提拔王佳到县城工作时，王佳却提出要考研的请求。

王佳认真地对校长说："我知道您一定想不通，为什么我会在职业发展正好的时候选择离开。因为我想要去面对陌生的环境，重新起步。虽然我也害怕，也有担心，但是我知道如果我放弃了这次继续深造的机会，我可能会更后悔。因为我想要对自己有所期待，不希望自己从事重复、没有激情和消磨意志的事情，我必须打破优越的平衡，让自己再进步。"

　　校长最终同意了王佳的离职请求。而王佳在上了三年研究生课程毕业后，成功被市里的青少年宫录取，如愿以偿地成了一名舞蹈教师。

　　期待是一种强大的力量。期待自己成为什么样的人，期待自己过怎样的生活，你就会下意识地朝着这个方向努力，甚至会不断改变你的行为和习惯。因此，每个人未来过得怎样，不仅要看你是否能够持续坚持奋斗，还要看自己是否对自己有所期待。反之，对自己没有什么期待，做一天和尚撞一天钟，日子则会多年如一日，五年甚至十年，你的能力、你的生活都不会有任何提升和改变，你的日子也会越来越糟。

　　有一次，某设计公司的经理周桐正在面试应聘者，但拿起应聘者的简历，周桐有些诧异。他看了看眼前这个人，身上的西装和裤子都皱皱巴巴的，皮鞋上还有些灰尘。但是，周桐没有说什么，还是依照招聘流程开始提问，他说："您好，咱们开始吧。请先谈一下自己的工作经历。"

　　应聘者有些紧张地抿了抿嘴说道："您好，我叫张晨阳，毕业于某大学动画设计系。毕业后，从2009年到2016年就职于某公司，离职前就任主管一职。2016年到2018年年初我供职于某公司，担任设计部组长一职。今天，我想应聘的是咱们公司的设计主管。"

　　周桐点了点头说："履历很丰富，听上去也很适合我们的岗位。你供职的第一家公司是一家大公司，也是业界数一数二的公司。但是，你为什么选择离职到后来的公司，现在，你又为什么愿意来我们这样的小公司工作呢？"

"嗯，这个嘛，我不想多说。因为一些个人原因吧，而且我觉得小公司有小公司的优势，正处在发展期，对我来说也是一件好事，可以大展拳脚。"

显然，对于这个回答周桐并不满意："这样吧，毕竟工作还是以实力优先，您工作这么多年，而且曾是主管，一定有很多值得称道的作品，可以看一下您的设计作品吗？"

张晨阳慢悠悠地打开了电脑，可里面只有为数不多的几个作品展示。

看完这些作品，周桐表情变得凝重，严肃地问："这是您所有的作品了吗？"

张晨阳不好意思地点了点头。

周桐又说："那我叫秘书安排您参加一下机试。"

虽然机试没有时间限制，但是一般来面试的人，平均一道题需要四十分钟。可是一个半小时过去了，张晨阳只完成了一道题。周桐看过张晨阳的机试设计作品后，对人事主管说："按理说，他设计专业出身，又有两家公司供职的资深经历，出色的设计作品应该很多才是，但是他展示的作品屈指可数，而且，我看过这些作品，跟咱们新来的普通设计师的水平相差无几，色彩搭配没有层次感，一点也不像一个主管应有的水平啊。何况机试测试时间也太慢了，我敢断言，他的设计水平和实操能力还不如咱们的新设计师。我不建议录用。"

人事主管说："我刚才也跟这两家公司的人事联系过了，他的简历并不真实。张晨阳就是这两家公司的普通设计师，一直都是做一天和尚撞一天钟的状态，分配多少工作就做多少，工作这么多年一点进步都没有，对自己要求也不严格，没有什么理想和目标，就是喜欢混日子的那种员工。"

可想而知，张晨阳自然是不会得到这份工作的。

对自己没有期待，就像是没有了目标和动力，放弃了追求更好的自己，一味地追求安逸，对一切采取放任的态度。试想一下，这样的人生还有什么意义？

突破惯性思维，打破现状

心理学上有个著名的"鸟笼逻辑"：如果在房间悬挂一个很漂亮的鸟笼，用不了多久，主人就会买一只鸟回来，而不会扔掉鸟笼。因为每每有客人看到鸟笼，就会问主人："笼子里的鸟呢？"

当主人回答"我从来没有养过鸟"时，客人们就会感到很奇怪，并问道："什么？没养过鸟？那你干吗要买这么漂亮的鸟笼子？"于是，为了避免无休止的解释，主人最终会选择买一只鸟。其实，这个逻辑简单来说，就是人们常说的"惯性思维"。

惯性思维一定程度上可以解决一些常见的问题，但是久而久之，就会限制思维的发展。

俄罗斯著名科普作家阿西莫夫从小就被打上了"天才少年"的标签。多次参加智力测试的阿西莫夫智商都在160左右，属于天赋极高的人。

有一天，阿西莫夫遇到了自己的老朋友——杰克——一个出色的汽车修理工。

杰克笑着向阿西莫夫打招呼："嗨，阿西莫夫，都说你是个天才，今天我也想考考你的智商，给你出一道题，可以吗？"

阿西莫夫自信地点了点头，说："当然可以，我觉得没什么问题能难倒我。"

杰克认真地说："有一个聋哑人想要把全家福装到客厅的墙上，可是家里没有钉子，于是，聋哑人就到五金商品店去买钉子。由于不能开口表达，聋哑人用双手比画着，用左手做握拳敲击状，右手则做假装拿了个什么东西。售货员瞬间明白聋哑人的来意，赶紧拿出了锤子。聋哑人使劲摇了摇头，于是售货员又拿出了几枚钢钉，聋哑人会心地笑了。这时，又进来一个盲人，他家里正好缺一把剪刀，请问他应该怎么向售货员演示呢？"

阿西莫夫沉着地说："当然是这样喽：用手比画着剪刀的样子就可以了啊。"边说，阿西莫夫还自己用手做出了剪刀的形状。

这时，杰克哈哈大笑起来："恭喜你，上当了。聋哑人不会说话，所以得配合动作。可为什么盲人买剪刀，还要用手比画呢？为什么不直接问售货员有没有剪刀呢？"

阿西莫夫听了有些失落地说："你是不是出题之前，就已经认定我会答错了？"

杰克笑笑说："你学的知识太多了，固定的、惯性的思维就更多，有时候思维就会被限制，反而成了一种束缚。"

阿西莫夫听后若有所思地点了点头。

不得不承认，惯性思维无法避免。无论在工作或者生活中，惯性思维有时候能够节省时间和精力，帮助我们高效地解决问题，但更多的时候，也会是一种阻碍，阻碍我们的成长，甚至有可能因此走进死胡同。

然而，90%的人都习惯用惯性思维思考问题、解决问题，所以造成了90%的人平庸的一生。那些能够突破惯性思维的人，往往不拘泥于现状，不断能找到解决问题的新方法。

麦克很喜欢布置自己的私人花园。他的花园简直可以用"完美"来形容：错落有致的假山，小型喷泉，以及各种奇珍异草。每每一到春天，五颜六色的花就都开了，草也绿油油的，充满了生机，总让人流连忘返。

尤其到了周末的时候，周围的邻居、友人都喜欢在麦克的花园里聚餐、游玩。麦克本来以拥有这样一个花园为豪，但是很多人并不爱惜这里的一草一木。有的人搬来了自动帐篷，举家在花园里烧烤、聚餐；有的人没见过这些花花草草，随意践踏草坪、乱摘鲜花，很多花木被折断；有的人则在喷泉洗起了衣服和抹布；还有的人把吃不完的零食、果皮肆意乱扔……

每次过完周末，花园都是一片狼藉。原本供人欣赏和玩耍的地方，竟变成了这副模样，麦克真是又心疼又生气。

为了保护自己辛苦装饰的美丽花园，麦克找工匠修起了一排栅栏，将花园围拢了起来。但是只有半米高的栅栏，根本无法阻挡人们的"热情"，很多人采取翻越栅栏的方式强行进入花园。于是，麦克又命人在花园门口竖起了"私人花园，禁止入内"的警示牌。但是来往的游客仍然熟视无睹，我行我素。无论麦克采取什么禁止措施，大家都不在乎。麦克难过极了，但是又找不到解决方法。

有个朋友来看望麦克，听到麦克的烦恼后，朋友提出建议："你老是习惯性地想着如何禁止大家进入，为什么不换个思路，让大家不敢进入呢？"

麦克摸不着头脑："你的意思是？"

朋友解释说："你就竖一块牌子，写上'此花园有眼镜蛇，请小心。最近的医院距此处约15公里，大概需要30分钟的时间。'我相信肯定有效果。"

麦克按照朋友的方法做了。结果，果然不出朋友所料，再也没有人擅自闯入花园。

每个人都会形成一定的思维习惯，即所谓的舒适区，而且一旦形成，很难改变，并且很容易对未知的、新鲜的事物产生本能性的排斥。最可怕的是，一旦这种惯性思维在解决问题时出现，遇到麻烦就会容易崩溃，觉得无路可走，容易钻进思维的"死胡同"。

正所谓"先知先觉者创造，后知后觉者跟随，不知不觉者消费"。如果你不想做平庸的大多数，就尝试改变自己的惯性思维，发现新的解决问题的方法，发现人生新的闪光点，成就不平凡的人生。

学会自律，是成功者的必修课

根据小说改编的电影《芳华》一上映就好评如潮，而这部小说的作者严歌苓，也是一位极其自律的传奇女性。

严歌苓给自己制定了严格的生活作息表，每天都必须坚持伏案写作六小时，每隔一天要游泳1000米。她曾说："只要懂得自律，没有什么困难是战胜不了的。"也正是因为她的自律，才有了更多高质量的文学著作。

不经一番寒彻骨，怎得梅花扑鼻香。想要实现任何一个目标或者梦想，都离不开自律。

在人来人往的大街上，一个高大魁梧、皮肤黝黑的健壮男人正朝对面马路一个年轻人挥手致意："赵子玉，是你吗？"

但是，年轻人挠了挠头，迟疑了一下，说："我是赵子玉，但咱们认识吗？你是？"

此时，对方已经穿过马路来到了赵子玉身边，并拍了一下他的肩膀，说："我是你初中同学大力啊。去年咱们还在上海见过面的，你忘记了？"

"噢，想起来了。但我明明记得你去年还是个260多斤的大胖子，怎么会成现在这样了？我完全无法想象你怎么比我还瘦了。你是怎么做到的？"赵子玉惊讶地说道。

"说来话长，我这一年可苦了。夏秋季晨跑十公里，冬春季就到健身房慢跑十公里，一天也没有间断过。刚开始，我坚持走路上班，差不多一个来回得有十公里。一个月后，我开始早晨早起一小时跑步，每天慢跑三公里。两个月后，开始增加到每天慢跑五公里。三个月后，我基本上一小时能跑十公里了。"大力骄傲地说。

"那你就没有想偷懒的时候吗？跑这么远，肯定很饿吧？管得住嘴吗？"赵子玉问道。

大力说："肯定有累的时候，也想偷懒，但是我每天五点走在黑暗的大街上，总对自己说，坚持一下，明天再休息吧。第二天我还是会继续这样安慰自己。就这样，一年挺过来了。我感觉自己已经把跑步融入血液里了，每天不锻炼都难受。除了锻炼还要注意饮食，一看到别人吃饭的时候，我就难受啊，所以我准备了很多水果和蔬菜，还有一些坚果，饿了的时候就吃这些。"

赵子玉笑笑说："我上次可记得你特别爱吃甜点，要不要我请你吃啊？"

大力摆了摆手，说："不不，我属于易胖体质，这个月的目标是再瘦两斤。这还没到月底，在没达到目标之前，我绝对一口甜点都不能吃，这是我的原则，必须坚持的原则。"

赵子玉说："是啊，我最喜欢的明星跟你体质一样——易胖，为了保持身材，人家出道以来，都是吃水煮菜，没吃过油腥。"

大力点点头说："对啊，想要减肥就得对自己严格一点，苛刻一点，没有一点放纵的余地和借口。说白了，就是要自律，让自律成为生活的一种习惯。"

其实，在生活中每个人都有决定要做个自律的人的时候，但是面对种种诱惑，又显得力不从心，不断降低标准。比如夏天来了，爱美的女生们纷纷立志要"瘦成一道闪电"，于是开始节食、运动。可是一看见冰淇淋、蛋糕、烤肉，脑子里不断浮现"不吃饱，怎么减肥""哪怕就吃一口也好啊，就吃最后一顿，明天再减肥吧"等自欺欺人的借口，所以减肥总是以失败告终。

当一个人无法坚持自律的时候，就会受习惯和随时出现的诱惑的影响，因此，这样的人也无法很好地掌握自己的人生。

张铭是个让周围同学都深感厌恶的人。从大一入学开始，身着一件破破烂烂的衬衫，脚踩破洞胶鞋的张铭，一下子成了宿舍，乃至整个班的焦点。本以为张铭是一个励志青年，可恰恰相反，虽然张铭的高考成绩在系里数一数二，但是到了大学之后，他开始极度放纵和沉溺于自我。

刚开学时，张铭也口口声声说着"要努力，要奋斗，要改变自己的人生轨迹"的豪言壮语，但是没过几天，他就开始陷入完全以享受为中心的生活。

白天室友都去上课，张铭就翘课跑到网吧上网打游戏，甚至还让室友撒谎帮他请假。晚上室友在自习、看书的时候，张铭却把音乐调到最大声，还喜欢在宿舍乱扔烟头和内裤。除了生活方面缺乏控制力外，张铭说话也总喜欢带脏字，对周围人的评价更是一概否定。

有老乡劝张铭应该收敛一点，培养自己的兴趣爱好，或者把时间和精力转移到学业上。张铭反而有些不耐烦地说："啥玩意？兴趣爱好？画画、唱歌、看电影、摆弄文字？这些能有啥出息？纯粹是浪费时间。还有你说要把时间和精力用在学业上，更是无稽之谈。等到毕业了，还不是照样给那些没学历、没水平的老板打工。"

大学四年转瞬即逝，周围的同学要么忙着联系实习单位，要么努力考研，要么拼命复习考公务员。张铭也跟着买了一些辅导书，但只是学一会儿，玩一会儿。等到国考成绩一公布，名落孙山的他又说："考什么公务员，说白了都是托关系。"

临近毕业，好几门功课都挂科，面临补考的张铭被辅导员叫到了办公室："张铭，如果我没记错，你高考时的成绩在全系都是数一数二的，这四年你是怎么了？成天请假、旷课不说，还打游戏上瘾，同学反映你生活习惯差，难以相处。现在面临补考，如果不过的话，你连毕业证都拿不到。你有没有反思过造成今天这样的结果是因为什么？"

张铭有些执迷不悟地说："不知道。"

辅导员有些生气地说："很简单，因为你的不自律。你把每天的学习和生活都放任自流，把时间和精力都放在毫无意义的电脑游戏上，你说你这样不是自我堕落、自毁前程是什么？"

张铭有些不好意思地点了点头。回到教室，他翻出了课本，开始认真地复习了起来。

自律和不自律的人生有天壤之别。自律可能是你成长蜕变的新契机。

你的努力，要配得上
你的年纪

第四章

信念的力量，奋斗
改变人生

信念是种无穷的力量

不忘初心，方得始终。

你一定还记得年少时的梦想。那时的你，有着坚定不移的信念，冥冥中仿佛有一股巨大的力量在指引着你前进。而现在，你还记得你年少时的梦吗？又是否一直在坚持着？

人生，应该有一个信念。一个坚定不移的信念，会带给你无穷无尽的力量。而没有信念的人，终其一生，都将过着迷茫彷徨的生活。

只要心存信念，再多的挫折和磨难都没办法阻止你前进的步伐，没办法击败你矢志不移的坚定内心。信念，不仅仅是心存理想和目标，更多的是可以磨炼你坚定的意志，是一种不屈不挠的坚持。拥有了信念，就相当于拥有了生活的动力和希望。哪怕前路风风雨雨，也能勇往直前。

人尽皆知，写作这件事，非一朝一夕所能成功。美国作家杰克·伦敦也不例外。

他年少时就非常热爱写作，但是作品总是得不到赏识，经常被出版社退稿。杰克曾一度心灰意冷，甚至想过要放弃自己心中坚持多年的信念。

杰克伏在案上看着以前被退掉的稿子，昏黄的灯光照在他的脸上，有一种说不尽的沧桑。

"我到底适不适合写作？还要不要坚持下去？"杰克一边翻看稿子一边自言自语起来。

"真是糟糕透了！"杰克抱着头崩溃地喊道，"我竟然找不到自己哪里写得不好！"

他站起身，烦躁地在书房里徘徊着，顺手拿起了一本书，胡乱翻看。

书中的华丽辞藻让杰克为之震撼。

这是多么美妙的语言啊！简直让人身临其境！

杰克放下书，恍然大悟。自己的书里，不正是缺少这种美妙的意境吗？他赶忙走到桌边，在自己的稿子上修改起来。

往后的每一日，在杰克家中，都能看到他为了信念，努力刻苦的样子。

他把写满了美妙词语、生动比喻的纸条，挂在了家里的窗帘上。当他晨起之时，拉开窗帘，首先映入眼帘的便是美妙的词语。他还把纸条挂在了房间的各个角落，比如床头上，他睡前可以看到；衣架上，出行之前可以看到；橱柜上，做饭的时候可以看到；还挂在了镜子上，连自我打理的时候都可以看到。

杰克在外出的时候，衣服口袋里都不忘记放一些写满各种资料的小纸条。

在坚定信念、坚持不懈了很多年后，他终于成功了，并写下了自己的第一本畅销小说《野性的呼唤》。

但对于杰克来说，成功并不意味着结束，而是象征着他坚持信念的路才刚刚开始。

在后来的许多年里，杰克为了让自己能写出更好的作品，开始去各国旅行，一边欣赏美景，一边记录下美好的瞬间。

追求信念，会带给你无穷的力量。杰克·伦敦就是很好的证明。

很多时候，外界因素总是会干扰我们心中的目标，阻止我们前进的脚步。但是，人一旦有了信念之后，便会勇往直前。

信念和金钱地位不同。信念，是一种精神食粮。它是可以陪伴我们一生的指路人，能引领我们走向光明。而金钱，只是人对于物质追求的欲望。

有些人，走得太远，就会忘记自己的出发点。在这一路上，有鲜花、有掌声，但是"乱花渐欲迷人眼"，有些人很容易被表象所迷惑，从而迷失了方向。只有坚定信念，才能抵抗所有的诱惑。

酒仙有一个弟子，名为桑落。他身高八尺，面如冠玉，温文尔雅，跟随师父酒仙多年，酿得一手好酒，但唯一不足的就是没能得道成仙。

这日，桑落正坐在树下饮一坛好酒，解一盘珍珑棋局。酒仙行至此处，便在桑落的对面坐了下来。

"徒儿，你跟随为师多年，如今也该出师了。"酒仙拿起一粒黑棋子，放在了棋盘上。

桑落怔了半晌，不解地说："师父，我出师之后又该去往何处呢？"

酒仙笑了起来："你在我这无忧谷中多年，难道就不想出去走走？"

桑落摇了摇头，给酒仙斟了一杯酒。酒的香气弥漫开来，酒仙深吸了一口气，叹道："好酒！好酒！"

"此酒名为桑落，以自己为名。"桑落道。

酒仙小酌了一口，细细品味起来。

"徒儿，如今你就要出师了，还有什么未了的心愿吗？"酒仙问。

桑落点了点头，神情凝重，继而道："想要得道成仙，成为和师父一样的仙。"

酒仙给了桑落一个秘方，他说："这是仙酒的秘方，不过制作流程比较复杂。需要取雪山之水和一种叫百里香的米，在惊蛰那日放入当天收集的梨花露水，待九九八十一天后方可酿成仙酒。仙酒醇香四溢，只需一口，便可得道飞升。"

桑落接过秘方后，郑重地点了点头。

"师父，您就在那九重天上等着徒儿的到来吧。"

桑落先是去了西北极寒的雪山，历经千辛万苦方才把雪山之水带回了谷中。而后，他又跑遍各地去买了百里香。后到了惊蛰那天，他把院子里梨花树上的露水收集起来。

终于可以酿酒了。桑落欣喜若狂。

按照秘方，只需等待九九八十一天。

可是到了第八十天的时候，桑落按捺不住了。他心急如焚，跑到酒坛旁边踌躇徘徊着。

这八十天简直度日如年！桑落连一刻钟也不想再等了。

"就提前一天，应该没事。"桑落这样安慰自己。

他打开酒坛子，迫不及待地尝了一口所谓的"仙酒"。

可这"仙酒"哪里是酒，就是一坛酸水。

最后桑落没能得道成仙，不得不继续酿着自己的桑落酒。

坚持，虽然看似简单，实则做起来并不简单。需要你拥有一颗坚定不移的心，方可胜利。

信念，其实也是一种意志。只有当自己的意志战胜了欲望的时候，信念的力量才是无穷无尽的。

一条路走不通时，别傻等

有这样一个寓言，一只小老鼠一不小心钻进了书桌上的工艺品——牛角尖中。牛角好心规劝小老鼠退回去，否则前路只能越来越窄。但是小老鼠却生气地坚持前进，想做绝不后退的英雄，最终却被闷死在了牛角里。

小老鼠明知是错误的道路，根本走不通，却还要坚持走下去，就只有死路一条。人生亦是如此，面对不擅长、不适合自己的事情，或者自己不可能解决的问题和麻烦，不必纠结，不必浪费时间坚持，换条路或许能更快到达。否则，就会在错误的道路上越走越远，离人生目标越来越远。

史密斯是一家食品小作坊的老板。以前生意兴隆的时候，史密斯就喜欢呼朋唤友，大肆享乐。但是最近他的资金周转出现了问题，不愿意被人看出生活出现问题的史密斯，选择了和以前一样的生活方式，每逢周末便在家里大摆宴席。不仅如此，史密斯明明知道自己的食品口味已经不受消费者欢迎了，却还是坚持大批量生产。

妻子看到史密斯执迷不悟，便劝他说："为什么大家都喜欢清淡口味的食品了，你却还是专注于生产多油、多辣、多盐的食品呢？为什么咱们都快要给工人发不起工资了，你却还是花钱大手大脚呢？咱们欠了很多债务没有还清，绝不能再这样生活和做生意了。"

史密斯反驳妻子说："生意上的事你不懂，你别管。"

"难道你非要一条路走到黑，非得撞南墙才死心吗？"妻子大声说道。

史密斯有些生气地说："大家以前都是很喜欢我们厂子生产的东西的，我相信他们的口味不会变。而且，我每周请大家吃饭，这是我交朋友的方式。即使现在不如以前了，我也要大大方方地请大家吃饭喝酒。"

妻子感到很无奈，只能默默地流下眼泪。

终于，由于工厂生产的食品没有市场，存货积压越来越多，无奈之下，史密斯遣散了所有的工人。身边的朋友也没人愿意借给他钱，妻子也因为他的固执而离开了他。

走投无路的史密斯来到一家寺庙，找老方丈倾诉："大师，我觉得自己的人生很失败，事业没了，朋友没了，连妻子也不理我了。我不知道自己接下来的路该怎么走，您能给我指点迷津吗？"

老方丈没有吭声，只是拿来了一个茶壶和一个茶杯，开始倒茶。但是茶杯满了，老方丈还是一直不停地倒水。这时，史密斯说道："大师，茶杯都满了，别再倒水了。"

但是，老方丈还是一直倒水。史密斯焦急地说："大师，您难道还没看见这茶杯里的水已经满溢了吗？"

老方丈笑着说："你明知道产品滞销，还继续生产；明知道自己没钱，还执意花钱如流水，大肆请客。就连妻子的话也不听，你的这些做法不和我现在一直倒水如出一辙吗？"

史密斯恍然大悟。

在错误的路上过分坚持，无异于南辕北辙，最终只会离想要的生活越来越远。人生不是一条单行线，一条路走不通时，完全可以换一条路或者转个弯。只需要一点点改变，工作和生活就能大不同。

王琛和张力是同时入职外企的年轻人。两人都是工商管理专业毕业，能力也不相上下，只是张力在入职后就为自己起了一个英文名"约翰"。

之后，外国老板就格外赏识张力，在业务上有什么疑问，都会单独把张力叫到办公室商讨，就连一年只有一次的晋升机会也给了张力。王琛因此感到有些沮丧，但又不知其中的原因。

有一次，老板把一个潜在客户给了王琛，让他去商谈。这位客户是一个研究水质净化器方面的专家，正准备自己创办一家净水器公司，所以就想先装修一下新创办公司的地板。可是王琛磨破了嘴皮子，客户还是委婉地拒绝了他的地板推销。

　　回到家，王琛并没有一味地打电话固执推销，而是认真地思考了另一个打动客户的方法。王琛尽可能地搜集了客户的详细资料，并查阅了很多水质净化的工程论文。尤其是一篇题为《关于在蓄水池表层安装保护膜技术》的外文文献。这篇文献讲述的正好是最新的技术研究成果，王琛便把它复印了下来。

　　随后，王琛带着所有复印的材料再去拜访这位专家。对方欣喜地看着这些材料和文章说："你可帮了我大忙了，这正好是我一直在寻找的。我们公司今后的地板就全权交给你负责了。"

　　就这样，王琛和对方签订了合约，而且，王琛受到了老板的赞赏："看起来，你的变通能力比张力要强。你能不能换个英文名字呢？你的中文名字我经常念不对。"

　　王琛这才明白，原来之前自己遭遇的差别待遇，竟然是因为一个名字的缘故。他连忙点头说："好的。现在开始您就叫我迈克吧。"

　　王琛心里想："无论在工作还是为人处世上，都不能过于固执，必须顺应时势，一条路走不通就换一条路，想想别的办法，就会事半功倍。正所谓条条大路通罗马，学会转弯，才能更接近目标。"

　　走过迷宫的人都有这样的经验：如果一条路走不通，就赶紧掉头换一条路，寻找新的出路。实际上，人生有时候是需要坚持，但是并不意味着要钻牛角尖。而是应该在坚持人生梦想的时候，懂得适时转弯，这样不仅能够节省精力和时间，更能收获许多。

起点或许有早晚，终点靠自己

印度电影《起跑线》在中国上映以来，既叫好又叫座。影片讲述了身为中产阶级的时装店老板——拉吉和米塔夫妇为了让女儿赢在起跑线上，不惜搬到富人区，让女儿到最好的私立学校读书。但是，拉吉和米塔与富人区格格不入，而且被发现没有接受过高等教育，只是小店铺老板等事实后，女儿也被挡在了校门外。

随后，夫妇二人在受到穷人的孩子可以获得"贫困生援助计划"的启发后，又开始了假扮穷人的"历险记"。

这是一部关于人生起点的电影，从表面上看，孩子们生活的家庭环境、父母职业、收入、背景及为孩子创造的物质条件，就是所谓的起点，但实际上并非如此。

开学之际，某学校在操场举办了一场特殊的开学典礼暨誓师大会，并且选了一个高一新生班级做了一个抽样。校长严肃地对台下选出的那个高一新生班说："今天我想跟大家说的是起点和终点的问题，但是我想通过一种特殊的方式来让你们记住答案。请所有新生接下来列队站好，我会问大家六个问题。每个问题的答案只有肯定或者否定两种答案，如果答案是肯定的，那么你就前进到下一条线上，大家可以看到每条线差不多相差有一米多。如果答案是否定的，那么就留在原地不动。好，大家准备一下，马上开始。"

尽管学生们都不明白校长接下来要干吗，但是都照做了。

"好，第一个问题。请问，你们的父母都上过大学吗？上过的请向前一步，没上过的留在原地。"

这个问题问完，差不多有四十个学生向前走了一步，只有十几个没动，也就意味着这些孩子的父母没有受过高等教育。

校长接着问："你们的父母，是否在这些年为你们专门请过一对一的家教辅导？请过的请向前走一步，没请过的原地不动。"

"你是否有过至少一次出国旅行或者游玩的经历呢？"

"除了学校的功课，你是否还会在业余时间学习一项特长，而且保持一定的水准呢？"

"你的父母是否说过想送你出国读书？"

"从出生到现在，你们是不是一直都是父母的骄傲，并常在亲戚朋友面前炫耀？"

六个问题问完了，有二十多个学生走在了最前面，有十几个学生一动没动。

校长既看到了最前面的学生脸上洋溢着的骄傲，也看到了原地不动的学生的尴尬。"看到了吗？人从一出生就有不公平，甚至有些人的起点本来就比同龄人领先，但是我想你们记住一句话，'起点并不重要'。现在以你们各自所站的位置为起点，先跑到体育馆教导主任刘老师那里的同学有奖品。预备，开始。"

随着校长一声令下，所有学生都拼命往前冲，尤其是那些落在最后的学生。

果然，率先抵达体育馆的前二十名学生，并不是起跑线最靠前的那些学生。

等所有的学生都到达体育馆后，校长感慨地说："祝贺你们，今天就是我们的开学第一课。我希望大家永远记住，父母能给你们挡风遮雨，这是一种幸福和幸运，但人生路很长，是一场马拉松，没有哪一场马拉松绝对是靠起跑跑得快赢得的。所谓的起点优势，放到人生大坐标中，就是最小的一毫米。你们作为高一新生，无论是将来要参加高考，还是要出国留学，都应该努力拼搏，只有这样才不会留下遗憾。"

只有勇往直前，不放弃努力，才能更快地抵达终点。反之，即使你有较高的起点，如果放弃努力，甚至耍小聪明或者不守规矩，就一定会有后悔的一天。

小石头可以说从小生长在蜜罐里。父亲是大学教授，母亲是电视台的播音员，加之又是再婚家庭，小石头出生时，父母都年过四十了。所以，父母都比较宠爱小石头。而且，相较于同龄人，小石头也有着更多的资源和机遇。

三岁时，能说会道、喜欢唱歌跳舞的小石头，就被母亲送到电视台拍广告。六岁时，小石头还跟母亲一起上台演出。十岁时，父母更是帮小石头举办了小型的个人专场音乐会。尽管有着常人没有的资源和机会，但是小石头的成长并不尽如人意。

不爱学习的小石头整天上课不是迟到、早退，就是旷课、逃学。每每老师教育他："你现在不努力，看你考不上高中怎么办。"小石头总是一副不以为然的样子，说："考不上高中就不上呗，大不了让我爸妈送我去国外。"

最终，小石头靠着父母的人情关系才勉强进了重点高中。但是，小石头却越来越变本加厉。在一次考试中，小石头作弊被老师当场发现，没收了试卷，取消了他该门课程的成绩，并处以"记大过"的处分。

后来，在高中混不下去的小石头又被父母送到了美国的一所寄宿制的音乐学院。尽管这是寄宿制学校，各方面管理也非常严格，但是小石头还是不努力。每天虽然按时上课，但是课后作业小石头却不愿意独立完成。于是，小石头就花钱雇人帮自己写作业，而他自己则把大把时间花在了网络游戏上，并且每天都充钱买装备。

平时的课业可以找人替代，但是国外的毕业审核是相当严格的。因此，到了毕业的时候，眼看着周围的同学都忙着准备论文和口试，小石头却不知道从何开始准备。就这样，在国外读了三年，但是没拿到毕业证的小石头灰溜溜地回国了。

因为没有学历，所以即便是想做一名音乐辅导老师，小石头也无法实现。无奈之下，父母托了关系，让小石头进到电视台当剧务。但是做什么都不认真，觉得干剧务工作有失体面的小石头，不是嫌搬道具累，就是嫌买东西烦，而且这也做不好那也做不好，工作总是出差错。最终，小石头被电视台辞退了。

起点高，如果不努力，一切还是等于零。没有高起点的孩子，更懂得努力奔跑的意义，因为输不起，就只能努力。当你一直拼尽全力奔跑时，就会到达终点。

永远别给自己的人生设限

有位科学家曾经做过这样一个实验：为了验证跳蚤究竟能跳多高，科学家拿出了不同长度的试管。结果显示，一只跳蚤能跳到的极限高度，竟然是它本身高度的400倍之多。随后，科学家又把跳蚤放到了最短的一根试管中，然后盖上了一个盖子。尽管跳蚤刚开始跳得很高，但是跳不出试管的跳蚤，渐渐也学"乖"了，为了不碰到头，调整了自己的跳高高度。过了几天，科学家取下试管的盖子时，发现跳蚤连最短的试管也跳不出来了。

在这个实验中，跳蚤并不是不具备跳出试管的能力，而是觉得自己无法逾越杯子的高度。有人会感慨跳蚤的愚钝，但是你是否也想到自己经常给自己的人生设限，因而无法成功呢？

"我笨嘴拙舌，做不了销售工作""我都三十了，不可能重新开始读书吧""我没有脑洞大开的天分"……这样的自我设限，一方面难免会给自己贴上"不可能"的标签，让自己不敢尝试新事物；另一方面也可能因此错失很多机会，甚至带来很大的挫败感。

果果是街边理发店的洗发小妹。可是，已经在这个理发店工作了一年，她的工作始终只是给客人洗头发。

有一次，一个经常光顾的客人关切地问："果果，你的洗头技术越来越好了，可你为什么一直做着洗头工作呢？"

果果有点不好意思地说："是吗？我这人就是比较笨，还只是中专毕业，学什么都学得慢。在理发店学点手艺，以后能养活自己就行。"

客人点点头说："我去过很多理发店，你这洗发手法算是娴熟了，按摩头皮也特别舒服，洗得也仔细。而且，我感觉你人也挺踏实的，你怎么不试着学学吹头发和剪头发呢？"

果果挠了挠头说："您这是刚烫的卷发，我怕我吹不好。"

客人笑着打趣道："怎么，给哪位客人吹头发时挨过骂啊？"

果果说："这倒没有，我从没给客人吹过头发，我怕自己一紧张，手抖。而且我没做过的事，总觉得自己做不好。"

客人鼓励她说："我觉得你是把自己困住了，你以为自己吹头发学不会、做不好，所以不敢行动。没有机会和时间练习，更加深了这种想法，你这就是给自己贴上了'我不行'的标签，把自己的人生限制住了。那你只给客人洗头的话，一个月挣多少钱啊？"

果果掐指算了算说："1500元的基本工资和主要靠卖洗发产品的提成。可是我不太会说话，懂的知识又少，所以销售的产品并不多，还是全靠给客人们洗头挣点基本工资。"

客人摆了摆手说："果果，这我得劝劝你。你必须尝试，其实你看看，吹头发手法不难，只要多加练习，很容易上手。与人沟通和知识少，也是慢慢学习和积累的。这样，你先给我吹头发吧，吹不好也没事。"

站在一旁的店长冲果果点了点头说："你试试。"

吹完客人的头发，果果高兴极了："我感觉好像不是特别糟。"

客人点点头说："我觉得还不错。"

就是这样简单的一个鼓励，却实实在在影响了果果的成长方向。

其实，对于很多人来说，真正阻碍他们成长和进步的，不是环境的恶劣，也不是能力不够，而是不敢挑战困难，总给自我设限的心理。要想跳出这一思维模式，则必须相信自己的能力，然后不断尝试。

小曼是一家动画设计工作室的老板，经常鼓励自己的员工说："凡事不要给自己设限，你们要相信自己能行，相信一切皆有可能。"而小曼之所以这样说，是因为她有过这样的亲身经历。

小曼高一的时候生了一场大病，不得不休学一年。为了不耽误学业，小曼在病床上背英语、做数学习题。后来，小曼病愈回到了校园。高考后，她顺利考入了当地一所师范院校，成了一名计算机系的大学生。

可是英语笔试成绩还可以的小曼，口语成了"重灾区"。尤其是每次上英语课的时候，只要老师一提问，操着浓重方言的"小曼式"英语就会成为同学茶余饭后拿来开玩笑的话题。

辅导员也曾教育过小曼："你可要注意啊，不能偏科，从高考成绩看，你的英语成绩就是全班垫底的。据说，你上英语课时，一回答问题同学就哄堂大笑。咱们计算机专业想要学好学精，英语这一关是必须要过的。何况咱们系对学生有规定，大二就得过英语四级。如果你要考研的话，就更要重视对英语的学习。你普通话不好，口音重，口语差点也无所谓，但是笔试成绩必须达标。"

听完辅导员的话，小曼也觉得自己的英语是"没救了"。两个学期下来，英语连续两次挂科，补考都没过。辅导员再次找小曼谈话："你要是再挂一次，可就得重修了。《孙子兵法》有云：求其上，得其中；求其中，得其下；求其下，必败。你可别总以为自己英语不好，就不好好学了啊。你看我一年前还是200多斤的大胖子，一直也觉得减肥不可能，这不，坚持节食和跑步，现在还不是瘦了50斤。因此，只要努力，一切皆有可能，不信你就试试。"

从此，小曼就按照英语系学生的要求严格要求自己。每天早晨，小曼就拿着收音机一边听"BBC新闻"，练习自己的听力，一边跑步。晚上不到熄灯，小曼是不会回宿舍的。她每天都会找个安静的地方大声朗读英语，然后熟练背诵精选文章、散文等。不仅如此，小曼在睡觉前还会翻阅微信里英语口语练习的公众号，熟悉夯实英语基本功的方法。

　　小曼为了练习听力，还找到了一些论坛，每天同步翻译BBC，而且还练习英语写作。就这样，小曼凭借出色的口语和听译能力，不仅顺利拿到了毕业证，还为以后自己创业接触国外业务打下了基础，获得了更多的发展机遇。

　　每个人可能都有这样的经历，遇到失败和困难，就会丧失勇气和信心，开始怀疑自己是否具备克服困难的能力。当你习惯了这样的自我设限时，就会不敢尝试或者没有勇气挑战。但实际上，每个人都有无限的潜能，只要勇敢迈出第一步，并不断努力，一定可以成就一番作为。

无须等待，现在就开始行动

动画电影《飞屋环游记》讲述了一对年老的夫妇打算等存钱罐装满的时候，就用里面的钱到一个叫作"梦幻瀑布"的地方旅行。结果，计划赶不上变化，孩子上学、汽车检修、房屋维护……无奈之下，他们总在动用这笔储备金，一次次拖延旅行的时间。

终于，老太太因病逝世，只剩下老头儿孤单一人。面临拆迁的老人为了留下自己的房子，一气之下给房屋绑上了上万个气球。他对着天空大喊一声"出发"，房子竟然奇迹般地飞向了天空，飞往了心驰神往的"梦幻瀑布"。这时，身体糟糕、没有积蓄的老人才明白，原来想要旅行，什么时候都可以，根本不需要等到存够钱。

现实生活中，很多人都像这对老夫妇一样，习惯于等待，可越等越没信心，越等越不敢做。所以与其等待，不如现在就行动起来，不管结果如何，至少拼尽全力了。

威尔逊是个爱好打猎和钓鱼的年轻人。周末的时候，威尔逊最惬意的时光就是到郊外的森林里，带着鱼竿和猎枪野营。虽然满身污泥，累得筋疲力尽，但他感到无比欢愉。

可不巧的是，威尔逊的工作是保险业务员，而打猎和钓鱼则需要耗费大量时间。

有一次，威尔逊突发奇想："这里远离城市，可以算得上荒凉之地，不知道有没有居民需要买保险呢？如果可以一边工作一边在这里享受生活，那这样的人生岂不是优哉美哉？"

经过为期几天的调查走访，威尔逊发现这个地方居住着很多麦城铁路公司的员工，他心想："其实，我可以试着向这些铁路工作者和他们的家人卖保险。而且，这里还有一些猎户和淘金者，我觉得他们也需要购买一份保险。"

威尔逊有了想法就立刻开始着手去做，甚至没有过多考虑可能遇到的麻烦和困难，因为他知道，想得越多，越发不敢执行，只会被恐惧占据心智，最终导致失败。威尔逊向旅行社打听好了路线，买了一张地图，整理好行装就勇敢地出发了。

威尔逊来来回回在铁路附近走访了好几圈，可一份保险也没有卖出去。但是他没有灰心，并且过上了"威尔逊"自己的生活。他学会了做饭，学会了理发。他做的饭，深受乞丐和单身汉们的欢迎，因为他们都厌倦了面包和罐头食品，他的厨艺让大家的味蕾有了奇妙的体验。而且，他每周会免费为大家理发，长此以往便成了周围最受欢迎的人。

当然，威尔逊还是游荡于山野间，打野兔、钓鱼。一年后，就在这荒野间，威尔逊实现了一百万的保险订单。威尔逊凭借"现在就开始做"的思维，过上了自己喜欢的生活。

实际上，现在就开始行动，是一种积极主动的思维模式，可以影响你的生活质量。这种思维模式可以在你遇到不喜欢做的事或者困难时，让你既不拖延也不退缩，勇往直前。

反之，有了想法不立刻行动，而是瞻前顾后、犹豫不决，则会贻误时机，错过机会，后悔一生。

劳伦斯十八岁时，最大的愿望是考上一所知名大学。那时劳伦斯感觉这个梦想并不难实现，因为自己的各科成绩都还不错，除了英语偶尔不及格外。但是只要多做些习题，把英语成绩提高不是不可能。遗憾的是，劳伦斯实在是厌恶那些枯燥的单词和句型的背诵，还没坚持一个星期就放弃了。

二十四岁时，劳伦斯又希望自己能够找到一个貌美如花、可爱善良的姑娘相伴一生。劳伦斯为人大方忠厚，又踏实肯干，乐于助人，周围有很多女孩对他表达了倾慕之情。本以为劳伦斯在爱情上会有所收获，但是他非常自卑，总觉得自己又矮又胖，既没有存款，也没有自己的房产和汽车，肯定没有女孩子愿意嫁给他。所以即使是他心仪的女孩已经主动跟他表白，可是他害怕耽误了对方，连答应的勇气都没有。

二十五岁那年，劳伦斯又对事业有了期待，他希望自己可以成为一个有钱人。他觉得自己聪明能干，又有手艺，再加上有做生意的一点点天赋，所以只要有机会找到赚钱的项目大胆实施，自己就有机会成为一个人人称羡的商人。但是，每每遇到好的项目，劳伦斯总是犹豫不决，总担心亏本，害怕承担风险，害怕失去现在安逸的生活。所以，尽管周围的投资者都再三规劝和替他权衡，劳伦斯还是选择了放弃。

到了七十岁时，劳伦斯觉得自己应该为后人留下些什么。他知道自己身体不好，时日不多，于是，他毫不犹豫地提起笔，开始专注于写作。就这样，在排除了一切杂念后，劳伦斯终于在三年后完成了自己的作品——《立即行动，不要拖延》。完成之后，劳伦斯也凭借这本书成为知名作家。这时的他恍然大悟，原来做任何事不能犹豫不决，更不能拖延。有了想法，就要立刻行动起来，不管前方是荆棘还是坎坷或者磨难，都应该勇往无前地向着目标进发。只有迸发出这种力量，才可能无限接近成功。

如果你也想让自己的梦想得以实现，或者在学习、工作上有所成就，那么请务必记住：现在就立刻行动起来，不要犹豫，因为拖延、犹豫很可能会使你一事无成。

事情没有绝对的好坏，关键是如何看待

"塞翁失马，焉知非福"，讲的是世界上所有的事情没有绝对的好与坏，任何事物都有两面性，都是相对的。

很多时候，我们在生活、工作中的许多问题上，喜欢争论对与错、好与坏，但实际上，好与坏、对与错，都是在一定情况下成立的。换句话说，面对糟糕的情况，只要不放弃，执着追求，也会有意想不到的收获。

电影《阿非正传》的主角福雷斯特是个先天性脑瘫儿，到了三岁时还不能独立行走。母亲总是安慰福雷斯特："孩子，请记住傻人有傻福。"随后，母亲为福雷斯特安装了腿部支架，他高兴极了。

一天，为了逃避混混的追赶，福雷斯特拼命地奔跑，跑着跑着连支架都甩开了。没想到，他跑得更快了。尽管福雷斯特的智商只有75，可是他凭借超人般的奔跑速度，被阿拉巴马大学录取了。后来，他更是凭借在橄榄球队优异的奔跑能力，为球队赢得了冠军，福雷斯特也因此获得了全额奖学金。

福雷斯特后来参军入伍。在参加越南战争时，由于突然遭受伏击，他又凭借出色的奔跑能力和不怕死的精神，在自己受伤的情况下救下了自己的四名战友。在医院疗养的福雷斯特，又学会了打乒乓球，而且技艺超群，还代表国家队参加了比赛。

后来，为了兑现对战友布巴的承诺，福雷斯特又用自己的钱买了一艘捕虾船。但是几次下海都没有任何收获，一次在明知有大风暴到来的情况下他和丹中尉出海了。在成功躲过了风暴袭击后，两人载着满满的一船虾返航。

再后来，福雷斯特成立了自己的公司，但是为了照顾生病的母亲，他把公司交给丹打理。没想到丹意外投资了一只股票，竟然大涨，两人又因此得到了一笔财富。

福雷斯特的妈妈对他说："生活就像一盒巧克力，你永远不知道下一颗会是什么味道。"他谨记在心。在别人看来，他天生愚钝，连走路都需要支架帮助，可是福雷斯特并不这么认为，他坚信母亲的话"傻人有傻福"，而事实证明，福雷斯特的坚持是对的。

世界上任何事情都是相对的，关键看你怎么面对。只要你能够客观、积极地面对，不放弃努力，坏事也能变好事。反之，一遇到困难就认为自己到了绝境，失去了信心，放弃了奋斗，最终自然不会有所成就。

刘宇航，一个已经工作了十年的人，一家人还挤在一个只有二十多平方米的租屋里。工作的公司也经营不善，虽然每月工资照常发，但是孩子上学、老人身体不好，老婆不得不辞职在家照顾家庭，日子本就过得并不富裕，这下更是窘迫了。

刘宇航曾想自己创业，但是一想到无法预知的未来，又想到已经交了十年的五险一金，他还是决定维持现状，安心干好自己的工作最保险。

虽然偶尔喜欢跟妻子或者朋友抱怨"工资低、没前途"，但是刘宇航依旧每天在车间检修机器。他总幻想："万一哪天就会被提拔了呢？万一给我涨工资了呢？万一这次评职称就有我的名额了呢？这样房子的首付就解决了，哪怕简单装修一下，买点家具，不就过上理想的小康生活了吗？"

然而，在2002年的时候，由于公司亏损严重，为了缓解资金紧张的压力，公司下达了"裁员一半"的决定。不巧的是，刘宇航恰恰在这批被裁员的名单中，这个消息对人近中年的他来说，简直就是晴天霹雳。

为了挽回这份工作，刘宇航狠了狠心买了两瓶茅台酒和一条中华烟去找领导。结果，领导都没让他进门，只是对他说："这事情不是我能做得了主的，已经公示了，不能改变了。"

听到这样的话，刘宇航直接跪在了领导面前："我家孩子上学、上辅导班都需要钱，我父母又都有重病，我老婆又没有工作，我如果再丢了这份工作，那我们一家人就都得喝西北风了。

您就可怜可怜我吧，算我求您了。"

　　尽管刘宇航声泪俱下，但是领导还是无可奈何地摇了摇头说："不是我不帮你，厂子都要倒闭了，我这个厂长说不定明天也就下岗了，更何况是你呢？"

　　刘宇航只能失魂落魄地回了家。从那以后，他开始沉迷于借酒消愁。

　　一日，刘宇航到小卖铺买酒，遇到了一起被裁员的于畅。

　　"老刘，这才一年不见，你怎么苍老成这样，还大白天就买酒喝啊？"于畅问道。

　　刘宇航有些不好意思，说道："反正闲在家，就喝两盅。你呢，下岗之后干吗了？"

　　于畅说："我南下到广州打工去了，现在攒了点钱，打算在这边开个小厂子。说实话，我还挺感谢那次大裁员的。要不是有那次大裁员，我可能到现在还过着碌碌无为的技术员生活。虽然被裁员了，但我反而有时间静下来想想以后的路了。所以老刘，凡事都不是绝对的，你还是振作起来吧。要不，过几天你来我的公司上班也行。"

　　刘宇航一下子被点醒了，原来什么事没有绝对的好与坏，关键是如何看待。如果遇到挫折，只沉溺于失败的阴影中，选择放弃努力，那只会让自己越来越失败，越来越颓废。

　　任何事物都有两面性，对与错，好与坏，你选择怎么样去面对，就会有怎么样的生活方式，这个决定权掌握在自己手里。

第五章

从小事做起，成就
大事业

机会，总是留给有准备的人

乘船出海探险的人很多，但是第一个发现美洲新大陆的是哥伦布；苹果熟了就会从树上落下，但是发现万有引力的是牛顿；很多研究员可能时常会忘记清洁培养皿，但是发现青霉素的是弗莱明。

在机会面前人人平等，不同的是，是否能够善于把握住机会。

石乐军从小就喜欢绘画，但是生长在贫穷的农村，能解决温饱就已经很不错了，哪里会有条件让他学画画。于是，高中一毕业，为了减轻父母的负担，石乐军就响应国家号召参军入伍了。

那时候的石乐军，在外人眼里，瘦小干瘪，似乎连一袋子米都拎不动。所以像炮兵连这样的地方，如果单纯靠力气的话，石乐军可能到退伍还是不会有什么进步。

有一天，部队组织下基层连队演出，石乐军知道演出当天有团长来观摩，心想："这可是个机会，我可得好好表现，说不定能被提拔呢。"因此，石乐军在演出当天给演出的演员们画了肖像，然后还拿给团长看。

果然，团长看了石乐军的画，连连点头称赞，还主动问了起来："你这个小同志，愿不愿意到文工团去啊？我觉得那里更适合你，更能发挥你的绘画才能，你愿意去吗？"

石乐军连忙立正，敬了一个标准的军礼说："服从首长安排。"

随后，石乐军被借调到文工团，成了一名美工。当时，绘画方面的人才比较缺乏，当地电视艺术中心经常来文工团挑选人才。

石乐军又抓住了这次机会。当时正好有一个军旅题材的电视剧组在招演员，石乐军便毛遂自荐，客串了几场戏。虽然没参加过任何表演培训，但是石乐军把角色定位、心理都揣摩得很细腻，客串下来石乐军的表演天赋被导演和其他演员大大认可。后来，石乐军又参演了几部戏，在演艺圈里成了小有名气的配角。

再后来，石乐军利用空闲时间不断提高自己的写作水平，慢慢地竟也承担起了一些剧本的写作。结果，他又成功了。之后，石乐军尝试做导演，拍了几部小成本但是年轻人很喜欢的电视剧。

不得不说，石乐军的成功，离不开善于抓住一次次的机会。

很多时候机会是偶然的，甚至是稍纵即逝的。可只要留心发现，并善于抓住机会，就可能拥有不一样的人生。但是，面对竞争激烈的社会，善于抓住机会的同时，还必须有相匹配的能力。正所谓机会是留给有准备的人，就是这个道理。

郎朗的童年可以说完全被"练习钢琴"占据着。年仅七岁，辞职在家的父亲就带着郎朗到北京求学。当别的小朋友放学后开始做游戏、看动画片、跟父母撒娇的时候，郎朗已经走上了专业钢琴之路。

每天五点起床，郎朗练习一小时钢琴。然后吃饭，朗读课文。七点的时候，郎朗必须从家里出发去上学，中午十二点回家，有十五分钟的吃饭时间。下午放学后，郎朗需要练习两小时的钢琴，然后做作业。晚饭后，郎朗还必须再练习两小时的钢琴，然后预习、复习功课。周末和节假日，郎朗更是加倍练习。

即便如此勤奋，郎朗也并不知道自己能不能考上音乐学院，甚至不知道自己什么时候才能成为一名钢琴演奏家。

郎朗到美国就读音乐学院时，为了提升自己的琴艺，更加努力。仅仅用了一年半的时间，郎朗就完成了三十五首钢琴协奏曲和六套钢琴独奏会曲目。由于郎朗每天在校时间都是在练琴，学校还特批延长了琴房的开放时间。这样大量的曲目练习，在其他学生看来似乎是不可能完成的任务，但却成了郎朗的生活日常。

刚开始钢琴演奏家的职业生涯时，郎朗只是第七替补。也就是说，除非演奏家本人和他前面六位演奏家全部有事无法登台，郎朗才会有机会登上舞台演奏，可这是不可能发生的。然而，面对零机会出场的现实，郎朗并没有放松练习，还是在学校练习。

正是这股不断为了梦想努力的劲头，让郎朗逐渐上升到第一替补的位置。1999年时，年仅十七岁的郎朗迎来了人生一次重要的机会。

在芝加哥拉文尼亚音乐节明星演奏会上，著名的钢琴演奏家安德鲁·瓦兹上台前，突然感觉身体不适，郎朗戏剧性地成了紧急救场的第一人选。演出前，著名的小提琴家斯特恩郑重地向观众介绍郎朗："大家晚上好，接下来你们将会聆听到这个来自中国的男孩——郎朗演奏的钢琴曲，这将是你们听到的世界上最动听的声音，请大家认真欣赏。"

果然，当郎朗演奏完柴可夫斯基《第一钢琴协奏曲》的最后一个音符时，所有的观众都站起身，报以最热烈的掌声，掌声整整持续了七分钟之久。

如今，郎朗已是享誉世界的钢琴家了。

很多时候，机遇就在你眼前，可是它却溜走了，不是你不善于抓住，而是你能力不够。

成功绝非偶然，需要善于抓住机遇，还需要相匹配的能力来支撑，才能最终有所斩获。

别太高估自己，试试才知道

有这样一个寓言故事：一只老乌龟正趴在柔软的沙滩上晒太阳，突然从天空俯冲下来一只老鹰。乌龟心想："有什么了不起的，我有坚硬的龟壳保护，你的嘴不可能啄破我的壳。"

于是，乌龟慢悠悠地把头缩进了龟壳。但是，老鹰抓住乌龟一下子飞到了几千米的高空，然后，在经过一片岩石时，老鹰松开了爪子。乌龟从空中掉落，重重地摔在岩石上，龟壳顷刻间摔得粉碎，连肠子都摔了出来。

这则寓言是想告诫大家：做人不应该盲目自信，过分高估自己的能力，否则只会盯着遥不可及的天，而忽视了自己的实际能力和脚下的路。

莫愁是某大学管理学院刚毕业的高才生，顶着"学生会干部""三好学生"等头衔，这些都让莫愁在众多面试者中脱颖而出。面试通过后，莫愁上班的第一天，更是被主管作为重点培养对象。

实习期一过，成为正式员工的莫愁有些小骄傲了。在周例会上，莫愁没经过带她的师傅大梅同意，就提出了对公司及各个部门运营模式的意见和建议。经理听完后并没有说话，只是脸色有些难看。

带莫愁的大梅会后跟莫愁说道："其实作为新人，你在工作上还是可圈可点的，也比较努力勤奋。但是你提出的意见和建议缺乏实行的基础，以后再遇到这样的情况，要是你有什么想法可以先找我沟通。"

莫愁一副不耐烦的样子，敷衍地点了点头。之后，莫愁隔三岔五就来找大梅讨论，还自拟了一套公司的运营和管理方案。尽管大梅每次都详细解释了这些方案无法执行的原因，但是莫愁并不以为然，甚至自信地说："你别瞎说了，你不会是忌妒我的才华吧？我这些方案可是参考了世界五百强企业的，只要能推行下去，我觉得公司肯定会越来越好。"

大梅摇了摇头说："可你有没有想过，你的这些提议是对公司所有流程、制度的否定，你是结合了那些优秀企业的优势，但是你却忽略了最重要的一点——咱们公司的实际情况，所以，公司是不会采纳你的建议的。"

尽管如此，莫愁还是每天强调公司改革的重要性，对大梅布置的工作任务也越来越不上心。大梅心想，不能跟新人一般见识，得多给她表现的机会，有一天她一定会转变想法的。转眼就到了年终大会总结，董事长发言时，莫愁突然举手，先是长篇大论地说公司几十年来的运营体系、制度规章如何如何落伍，接着就滔滔不绝地发表了自己的看法。

董事长听完随即宣布会议提前结束。事后，同事们都在小声议论，莫愁却表现得极其自信："你们别小瞧我，我觉得董事长之所以提前结束会议，就是因为他觉得我说的有道理，没准结束会议就是要商讨我的建议。我觉得公司很快就可以执行我的方案了，不信咱们就等着瞧吧。"

第二天，莫愁等到的却是一封辞退通知书。十分懊恼的莫愁找到大梅理论："为什么辞退我？难道就因为我是新人，就因为我对公司的发展提了意见？难道年轻人不应该信心百倍地勇于提出自己的意见吗？"

大梅淡淡地说："你提意见没错，错的是过分高估自己的能力，你有点自信过头了。"

很多年轻人都会犯高估自己的毛病，甚至觉得自己只要一毕业，就会有很多公司争着抢着聘用自己，升职加薪更是不在话下。的确，每个人都应该相信自己的能力，但是过分高估自己的能力，就会陷入盲目自信、盲目行动的怪圈里。所以，应该客观看待自己，准确定位，踏实过好每一天，把时间和精力放在行动上。

晓明从小在父母的关爱下成长。由于父母都是律师，也希望将来晓明能够子承父业，成为一位成功的律师，所以他们在小明身上倾注了所有心血。可是，晓明高中的时候喜欢上了计算机，尤其喜欢反复拆装计算机的小零件。晓明的父母发现儿子整天对拆装计算机零件乐此不疲。于是，他们苦口婆心地告诉他："你应该好好学习，否则将来在社会上根本无法立足。"

晓明的内心有些矛盾，他既不愿意放弃自己的兴趣，也不愿意让父母难过和不安，最终，晓明还是听从了父母的建议，考上了一所法律大学。可是，晓明心里还是念念不忘他的计算机。在坚持读了半个学期后，晓明便毅然决然地退学了。尽管父母苦苦相劝，可是晓明心意已决，他们只能无奈地同意了。

后来，晓明通过自己的努力，设计研发了一个关于陪伴的App，注册了商标，创立了自己的品牌。这款App一上线就很受年轻人的欢迎。有了第一桶金后，晓明便成立了自己的软件公司，甚至在不到两年的时间里，就让自己的公司跻身国内计算机行业一线行列。

那一年，晓明23岁。

晓明按照父母的意愿，也许能成为一名律师，但一定不会是出类拔萃的律师。晓明在计算机领域的成功，一方面是因为他能够客观地看清自己的能力和兴趣，另一方面是因为他能够勇于尝试，并且，他在确立自己的人生目标后，制定了有针对性的路线，然后为之努力。

反之，无法正确定位自己，无法看清自己的能力，只是一味地想当然，最终就会偏离人生轨道，一败涂地。

创业不是头脑发热、不顾一切

创业，对于年轻人来说，本来是一件好事。但是回归到现实，创业既不是头脑一热，随大流地辞职去创业，也不是东拼西借，在什么都不懂的情况下只为"孤注一掷"地创业。如果是这种情况，那出去创业的人只有一种结果，就是两手空空，以失败告终。

小凡在大学就是个不安分的人，总希望自己能够干一番大事业。思来想去，他决定做代抄作业的买卖。在校期间，小凡靠这一业务赚了不少钱。临近毕业时，大家都开始忙着找工作实习，小凡也找到了一份房地产经纪的实习工作。

但是工作了一段时间后，小凡发现每天面对客户都是同一套说辞。不仅如此，自己还得耗费一部分精力，用在维护与上下级的关系上。每天重复的工作，让小凡仿佛看到了几十年后自己的样子。因此，还没等到转正，小凡就辞职了。

　　凭借着自己在大学那点做过代抄作业"生意"的经历，小凡意识到：要想富，还是得自己创业。经过几天的简单考察，并且在找自己的学长了解后，小凡觉得在公司周围开一个打印店，肯定能赚钱。尽管家人都劝他："还是先找个工作积累经验，等有了资金和阅历再开也不迟。"可是，小凡却固执地说："我学长就是开了这样一个打印店，现在还不是有房有车。再说，开店时间又比较自由，上下班时间自己决定，而且开在公司旁边，每天肯定有很多需要打印的文件和材料，这是稳赚不赔的买卖，你们就等着我的好消息吧。"

　　随后，小凡拿着从父母那儿借来的钱，租了一间办公室，并购买了全套最新的打印设备。简单装修了一下店面之后，就开业了。小凡为了庆祝自己的打印店开业，还特意请了几个朋友吃饭。

　　结果开张后第二天，小凡就感觉到了焦虑：没有顾客上门打印。"只出不进不行啊，我得赶紧出去拉业务。"于是，小凡硬着头皮去发传单。

　　本以为在公司旁边就会有很多业务，可是几天过去，没一个人联系他。无奈之下，小凡又趁着午休，挨个楼层发传单，还主动拉了几个潜在客户进群。但是只是偶尔打印几页会议记录，根本是入不敷出。

　　没办法，小凡只好咨询学长，学长说："你刚开张，肯定得养一阵子啊。我也是以前在工作时积累的人脉，靠着旧同事的关系拉到的客户。你要是觉得撑不下去，就别做了。"

小凡心里有些不服气，认为学长是故意不帮自己。于是，他又跑去周围的大学城发传单。过了三个月，小凡终于沉不住气了。他不仅花光了家里的钱，还欠了一屁股债，为今之计只有关店歇业。

小凡之所以会创业失败，既是因为没有认真考察，不够了解打印这个项目和自己的实力，也是因为盲目地跟风。

"知己知彼，百战不殆"，创业也是一样的。不是每个人都适合创业，也不是头脑一热，一拍脑袋就可以大刀阔斧地创业。创业是需要做好充足准备的，是需要有一定基础和了解的，更是需要有发展潜力的项目和长远目光的。

高考落榜的薛凯，知道自己不是学习的材料，因此，他没有选择再复读一年，而是跟着几个同乡来到了深圳打工。经朋友介绍，他们一起到了郊外一家小型服装厂上班。

由于厂里有一批货需要在年前加急完成，可是很多工友都买好了回城的火车票。于是，薛凯和几个同乡便自愿留了下来，连续加了几个班。厂长对此很是满意，不仅给了他们双倍工资，还邀请他们来家里做客。

一进屋，薛凯就被屋内的装饰惊呆了。随后，厂长从屋里拿出一个精美的小匣子，对他们说："来，今天犒劳你们，请你们品尝正宗的古巴雪茄。我以前在国外经常抽，回到国内就抽得少了，几百块一根，而且正宗的太少了。"

薛凯听完老板的话，脑海中突然冒出来一个念头："要是我能开个雪茄生产兼售卖的店铺就好了，肯定会赚大钱的。但是，我得先了解什么是雪茄，什么是古巴雪茄，生产雪茄要注意些什么，什么样的雪茄是优质的……"

从老板家回来，薛凯趁着业余时间开始上网查找各种关于雪茄的资料，还买了很多雪茄的书籍。很快，他掌握了雪茄的基础知识，知道了怎么抽雪茄、怎么剪口、如何点燃雪茄、什么时候弹掉烟灰等细节，甚至知道了雪茄茄衣颜色与口感并无关系等。

然后，薛凯趁着周末开始探访各大雪茄市场和商铺。他仔细观察店内的装潢、设计，甚至连销售员的话语都牢记于心。就这样，经过半年多的了解，薛凯辞职回家了。他找父母亲戚借了钱后，便开起了自己的雪茄吧。

由于中国人对雪茄的了解并不多，所以薛凯制作了很多详细的宣传材料，还亲自讲解和示范。有的客人听完之后，直接就买了。薛凯觉得雪茄作为高档消费品，是需要一种配套的享受。于是，他扩大了自己的店面，进行了重新装修，添置了沙发、茶几、音响、书刊、酒水以及新鲜的水果，这样雪茄吧又变成了雪茄俱乐部。

后来，应客户的需求，薛凯还购置了一些烟具。

就这样，一年下来，薛凯除了固定的开支外，每月净收入还不错。

创业虽然是值得鼓励的，但前提是要做好一切准备。如对项目做好全方位的了解，对自己的能力和经济实力做好评估，对风险有所预期等，只有这样才可以进行创业。否则，投资的时间、精力、金钱可能都会打水漂。

不做"月光族"，用投资改变生活

有一项调查数据很有趣，在某城市白领中有近一半的人是"月光族"。尽管这些人收入稳定，但他们经常不到月底就惊呼："钱都去哪儿了？"

因此，对于年轻人来说，想要诗和远方，还得先学会理智消费，不做"月光族"。

王宇一进公司就开始跟同事们抱怨："怎么办啊？还有半个多月才能发工资，卡里没钱了，我的双十一采购计划都要泡汤了。"

大家一听差点吓掉了下巴："什么，你一个月工资不少呢，这才过了半个月，你就花光了？那你都买了什么，罗列一下？"

王宇踩着高跟鞋，优雅地坐到了自己的座位上，倒了一杯咖啡，拿出钢笔边写边说："月初我给自己和孩子各买了一桶奶粉，花了400元；我手机收到短信通知，说营业厅搞活动，'买手机，赠一年话费'，我觉得合适，就花2000元买了一部手机；给老公庆祝生日、买了一条领带花了600元；逛商场，遇到促销，给自己买打折的衣服、鞋子、香水，又花了1800元；跟朋友聚餐、KTV、外出花费了800元；买各种彩妆、护肤品花了1300元；买了个包花了1000元……"

和王宇关系不错的张婷立刻说："天哪，你真是典型的'月光族'，真是喜欢冲动消费的女人啊。手机，你根本没必要买啊。你呀，完全是被导购牵着鼻子走。还有什么促销、打折的服装、护肤品等，如果这些东西不是你生活、工作的必需品，都可以不买的啊。"

王宇撇了撇嘴说："说得容易，哪个女人不爱逛街、购物啊？难道你就不乱花钱？"

张婷说道："那当然了。我也是吃过不理智消费的亏才会这样的。去年我逛街时接到宣传单，说有特价的面部护理。我正好觉得自己的脸太缺水了，就去了。结果，美容师说我的脸光补水是没有效果的，还应该拔拔经，要不然水分渗透不到皮肤肌理中，我又被说服了。谁知美容师说，还不如连同颈肩、臀部都做了。结果一套做下来，花的钱比特价的五倍还多。从那时候开始，我就意识到了不理智消费有多可怕。而且，我也开始记账，控制自己的购物欲望，让自己理智消费。"

王宇若有所思地点了点头说："有道理，要想改变目前的生活状态，就得先从不做'月光族'开始。我得准备学着理财了，你们可得监督我啊。"

张婷骄傲地说："对啊，我支持你，我告诉你一句话，理财是咱们每个人都必须要懂、要学会的事情。否则，你不理财，财也不会理你啊。"

许多年轻人都过着"今朝有酒今朝醉，月月收入月月光"的生活，这些人当中甚至不乏一些高收入者。其实，年轻人喜欢交际、爱玩，也属于正常现象，但是一旦失去了节制，超过了自己的收入能力，就有些不明智了。

想要未来的生活有保障，就得先从不做"月光族"开始，然后再学会理财，多寻找投资的机会，这样才能不断改善和改变自己的生活。

有两个年轻人，一个叫苏苏，一个叫哈萨，两人是多年的好友。高中毕业后，两人就应聘到了商场做销售员。几年后，有了积蓄的苏苏和哈萨相继做起了小买卖，苏苏盘了一个小卖铺，哈萨则盘下了一个水果摊。

哈萨眼看着一年下来，自己没挣多少钱，但是苏苏却在一年间，全款买了一辆小轿车，而且小卖铺也成了连锁店。

有一天，哈萨忍不住向苏苏请教说："咱们几乎同时起步开始做小买卖，为什么仅仅一年的时间，就拉开了这么大的差距呢？"

苏苏笑了笑说："因为我们对待金钱和财富的态度不同。"

哈萨说："能有什么不同，我也是一样起早贪黑，我也爱记账，也喜欢存钱，我甚至觉得自己比你还勤快。"

苏苏摆了摆手说："这些都只是表面现象好不好。"

哈萨一脸茫然地追问道："什么叫只是表象？你能举例说明吗？"

苏苏说："那好，我问你，如果你今天挣了五十块钱，你会怎么处置呢？"

哈萨自信地说："分配还不容易嘛。首先我肯定得拿这些钱买瓶酒，买点小菜，犒劳自己一顿。"

苏苏说："你瞧，这就是差别了。换作是我，我会把赚到的五十块钱存进钱包。每当我需要花钱的时候，我从钱包每天最多拿四十块钱，这样每天至少能省下十块钱。而且一年来我都在这么做。"

哈萨一副不敢相信的样子说："真的就这么简单？"

苏苏说："你可能以为我是故弄玄虚，甚至觉得我这样做没什么用。但实际上，作为年轻人，我们学会攒钱就是对自己的一种投资。当然，有了一定的积蓄，我也从来不乱花，而是一遇到好的机会就投资。比如，我投资了一些股票和基金，还有一部分钱我是用在储蓄和扩大经营上，算是长期投资。我的财富就是这样积攒起来的。"

哈萨听完似乎懂得了其中的道理，点了点头说："原来是这样。我一直觉得自己很辛苦，也努力攒钱，甚至连多给客户一个塑料袋都舍不得，因为我觉得这些都是成本。但是，我从来没有想过怎么才能钱生钱，看来以后我得向你学习，多学点理财和投资了。"

如果你只想一直做个"月光族"，那么除了房子、车子是遥不可及的梦想外，更重要的是会控制不住自己的欲望。

巴菲特曾说："一个人一生能积累多少钱，不是取决于他能够赚多少钱，而是取决于他如何投资理财，人找钱不如钱找钱。"

别急，慢慢来

从前有一个农民，他每天去田里耕作，期盼着禾苗快快长高。他往地里浇灌水，每天都去检查有没有杂草，还亲自去驱赶飞鸟野鸡，悉心照顾。可是一天天过去了，禾苗一点儿都没有长，农民十分着急。他心想："我得想个办法让禾苗长高才好。"于是，他把禾苗一株一株往上拔。忙活了一天，看着比之前高出一截的禾苗，农民满意极了。农民兴高采烈地回到家后就开始大呼："今天可累死我了！地里的禾苗长得可好了，高了不少呢！"家人也跟着高兴。第二天，大伙儿一起去地里看禾苗，没想到禾苗都弯着身杆儿，全部枯死了。

这个故事就是"拔苗助长"，故事告诉我们：欲速则不达。自然规律是这样，为人处世亦是如此。很多事都是越急迫地想要完成，成功的通道就越是狭窄。所以不如停下来，看一看，视野开阔了，思路明朗了，再出发也不迟。

永乐七年，丘福将军用生命给了世人一个惨痛的教训。明成祖朱棣在位期间，鞑靼可汗本雅失里杀死使臣郭骥，谋反叛乱，朱棣随即命丘福为总兵官，并封他为征虏大将军，率领精兵十万余人，去讨伐鞑靼。

清张廷玉曾评丘福为人："福为人朴戆鸷勇，谋划智计不如玉，敢战深入与能埒。"意思是说丘福这个人质朴憨勇，虽然勇猛非常，但智谋不足，只会蛮打。

在军队临行前，朱棣召见丘福，他知道丘福素来喜欢轻敌，有勇无谋，只会往前冲、闷头打，于是，他反复地警醒丘福，要观察当下的时机，再决定进或退。且需居安思危，时刻警惕鞑靼军队，绝不可以松懈。就算一次作战没有胜利，再等待第二次作战就好。

即便大军已经出发了，朱棣仍旧不放心，又连着赐了几道诏书，说是如果有人怂恿说敌军容易被打败，千万不能相信，要谨慎出战。

同年八月，丘福和军队抵达了鞑靼作乱的地区。丘福自己率领一千精兵，比大部队先行到胪朐河一带。这时他们发现了敌方的散兵，于是一番作战，轻松得胜。

紧接着，丘福决定乘胜追击，追赶逃兵，小部队便渡了河。这时，他们抓住了一名俘虏，还是鞑靼部落的一个小官。没想到，这个小官是一个奸细，他谎称："本雅失里听说您带领大军来了，吓得往北方撤退逃走，距离这里差不多三十里的样子。"

丘福信以为真，大笑本雅失里胆小如鼠。就这样，丘福预备率一千精兵，先去追击本雅失里。

各将领皆不同意这个决定，一致认为需与大部队会合，确认一下敌军情况再出兵。可丘福急于生擒逃走的本雅失里，一意孤行，便率军前去追击。结果，丘福及千余名将士被埋伏的鞑靼大军重重包围，最终战死沙场。

这件事告诉我们，在战场上急功近利，走得越快，也许距离成功就越远。反之，沉稳做事，踏实做人，凡事慢慢来，则可能更快到达目的地。

小鹏的爷爷是个书法家，在市里很有威望。小鹏从小跟着爷爷长大，但小鹏多动，十分调皮，总是坐不住。爷爷便开始教他写书法，磨炼他的耐心。

想不到小鹏很聪明，很快就掌握了毛笔的用法，可无论小鹏觉得自己的字练得有多好，爷爷每天都只教小鹏写一个字。有一天，小鹏满怀信心地将自己写的字递给爷爷检查，可爷爷只是点点头，既没有夸奖也没有批评。小鹏很不乐意，生气地将毛笔扔在了桌子上，然后大声说："爷爷，我不想写了！"

爷爷缓缓放下报纸，看着小孙子闹脾气，耐心地追问："怎么不练了呢？"

小鹏一脸委屈地说："我觉得我写得已经很好啦！可是爷爷每天还是只教我一个字，您是不是觉得我学不会，所以才不肯多教我写字？"

　　爷爷笑了笑，拍了拍小鹏的肩膀说道："你很聪明，爷爷给你讲个故事吧。从前，有一个写字写得非常好的人，他每天都教他的儿子写字，但是，有一个字是必须练习的，就是'大'字。"

　　小鹏惊讶地问："大字有什么难的呀？我也会写。"

　　爷爷慈祥地笑了笑说："这个孩子跟你一样，他也觉得每天写同一个字好烦，于是他挑出写得最好的那几个'大'字，去给他爸爸妈妈看。"

　　小鹏追问道："结果怎么样？他妈妈一定会夸他的，我奶奶就总说我的字写得好！"

　　爷爷摇摇头："不，他妈妈说，这个'大'字你恐怕还得练五年。"

　　小鹏有些惊讶："啊？五年！怎么可能？"

　　"没想到，这个孩子每天就练'大'字，练了五年。然后他拿着自己写得最好的一张，给他爸爸看。结果他爸爸并没有称赞他，只是拿起笔在他那个字下面点了一点。然后他不服气，又挑了许多张自己觉得好看的字，一起拿给妈妈看。妈妈一看，感觉很满意，称赞他终于有一笔像爸爸一样厉害了。孩子满怀期待，妈妈说：'就这个"太"字下面这一点写得好。'从那天后，他每天都在书房里练字，非常勤奋。最后，他像爸爸一样厉害了。"

　　小鹏若有所思地看着爷爷，然后把平时临摹用的字帖抽出来开始练习。

当你发现力不从心，心里像火烧时，别急，因为你已经靠近目标了，所以不妨停下来，扩大视野，整理心绪，慢慢来。

你的努力，要配得上
你的年纪　　第六章

生活，本就五味
杂陈

笑对人生，能创造更多机会

尼采说过，面对人生，要欢笑。

人生就好比一场戏，时有悲欢离合。在面对快乐的时候，要予以笑容；在面对痛苦的时候，也应予以笑容。人生中的痛苦，是生命中不可或缺的一个存在。正因有了痛苦，才会磨炼心智，走向成熟。从某种意义上说，这也是值得庆幸和欢愉的事情。

生活中，笑对人生的乐观者总是要比怨天尤人的悲观者活得更加幸福，因为他们凡事看得开、想得通。

法国有一个开满蔷薇花的偏僻小镇，为数不多的老幼妇孺在这个小镇上平静地生活着。晌午的时候，老人会带着孩子们去镇上的小广场逛一逛。

当阳光照射在爬满围墙的粉色蔷薇上时，孩子们会在树下嬉笑打闹，老人则坐在长椅上安静地晒着太阳。中央喷泉的水在阳光的折射下，显得异常清澈，一个又一个的硬币安静地躺在水里，波光粼粼。

广场中央的喷泉，是一个可以许愿的喷泉，只要往水中投一枚硬币，就可以许下自己的心愿了。

一日午后，镇子上来了一个皮肤黝黑，头发凌乱，满脸胡茬的男人。他穿了一件军大衣，一条裤管空荡荡的。男人拄着拐杖，一瘸一拐地走到广场的喷泉旁。

男人叫托马斯，是在"二战"时失去了一条腿的士兵。

托马斯从口袋里翻出一枚硬币，从手中抛出，在空中划过一个完美的弧线后，落到了水里，发出"啪嗒"的一声声响。

他双手合十，虔诚地闭上了双眼。

老人们在长椅上晒着太阳，在见到托马斯的到来后，饶有兴趣地睁大了眼睛。原本在嬉戏的孩子们也都围了过来。

"少了一条腿的可怜人，你不会是乞求上帝再重新给你一条腿吧？"老人走到托马斯身边拍了拍他的肩膀，无可奈何地笑着。

托马斯摇了摇头，说道："当然不是。"

"可是你现在最需要的就是一条腿啊！你为什么不求上帝给你一条腿呢？叔叔。"褐色头发的小女孩天真地问道。

旁边的孩子们也都连连点头，他们显然赞同女孩的观点："外地来的叔叔，你可能不知道，我们镇上的这个喷泉，可灵验了！"

老人们前俯后仰地大笑，他们笑小孩子的天真，也笑托马斯不会蠢到许这样一个愿望。

"我的这条腿是为国家打仗而失去的！"托马斯指了指自己空荡荡的裤管，眼神坚毅，"所以，我不会许下这种愚蠢的愿望。"

大家顿时对托马斯敬畏起来。

小女孩眨着琥珀色的眸子，问："叔叔，那你许了什么愿望啊？"

托马斯面带微笑地看着广场上的人群，他充满希望地说："我只是想向上帝请教，失去一条腿后，怎样才能生存得更加美好。"

在面对生活给予你的痛苦时，请记住一定要微笑面对。乐观是一种心态，更是一种难能可贵的品质。

有智慧的人，把快乐当成习惯；愚昧的人，把烦恼当成习惯。乐观的人，懂得在生活中寻找快乐；悲观的人，只会在快乐中寻找痛苦。

怎样才能拥有一个积极乐观的心态呢？

首先，要懂得感恩，时刻怀着一颗感恩的心去与人沟通。感谢父母的养育之恩、老师的教诲之恩。只有懂得感恩的人才会更加宽容，对待生活才会更加热情积极。

其次，要丰富自己的内心世界。闲暇之余可以淡出社交圈子，拥有一个让自己安逸的小世界。看看书、养养花、喝杯茶，快乐触手可及。

总有人经不起失败，但是每一次失败都是成功的垫脚石，要时刻反思自己为什么会失败，而后笑对人生，完善自己。

把挫折当历练，把苦难当辉煌，把成功当奖励，把希望当明天。

从前有一个国王，他拥有无尽的财富，可是他太老了，该考虑退位的问题了。

国王有两个儿子，一个叫德尼，一个叫汉森。他们年纪相差不大，是国王的众多儿子中最具才华、最出色的两个。

一日清晨，太阳刚刚从东方升起，国王便把德尼和汉森叫到了他的房间里。

国王躺在床上说："我太老了，已经走不动了。我的心愿就是再去一趟集市体验一下百姓的生活。你们帮我去集市上随便买点礼物，我想看看你们的孝心。"

德尼和汉森答应了国王的请求，一旁的侍卫分别递给他们一枚金币。

"这是我给你们的钱。记住，千万别弄丢了。你们骑马去，要在天黑之前赶回来。"国王嘱咐道。

就这样，德尼和汉森两人快马加鞭地离开了城堡。

夜幕还没降临的时候，汉森就回来了。

国王问他："你给我买的礼物呢？"

汉森听后伤心地大哭了起来。他跪在国王的床边，满脸的沮丧："父王，我衣服的口袋破了一个洞，钱从口袋里掉了出去。

我已经买不起任何东西给您了。"

国王笑而不语，让汉森坐下来，等待哥哥德尼的归来。

当星星爬上夜空开始眨眼睛的时候，德尼骑着他的白马回来了。

他满脸笑容地走进国王的房间，把一对马蹄铁递给了国王。他说："父王，这是我送您的礼物。"

国王问："马蹄铁怎么能算作礼物呢？"

德尼笑着说："正当我为您买礼物而付钱的时候，却发现衣服的口袋破了一个洞，而那枚金币早已经不知去向了。"

汉森看向德尼，然后大呼："我和你一样，我的口袋也破了！钱也丢了！"

德尼看了看弟弟，继续说道："我已经没钱再给您买礼物了，所以我骑着马在集市上转到了天黑。此时的马蹄铁上沾满了集市的泥土。父王，您的心愿是再去趟集市，那么我就把集市的泥土带回来，当作礼物送给您。"

国王听后哈哈大笑："你们的口袋是我剪破的，这是我对你们最后的考验。只有积极乐观的人，才会有更多的机会。很显然，德尼赢了。"

后来，德尼成功继承了王位，在他的治理下，国泰民安。

相同的一件事，不同的面对态度，成就了不同的结果。

春天的花园在悲观者的眼里，只能看到折断的残枝，掉落的叶子和还没有从冬眠中复苏的枯草。而乐观者看到的却是含苞待放的花蕊，翩翩起舞的蝴蝶。

笑对人生，有时候，希望和奇迹就在你身边。你要相信，没有抵达不了的明天。

被人信任是一种幸福

全球五百强企业强生集团前主席曾说：没有信任就不会取得成功。任何有效的人际关系中，不论是婚姻关系、朋友关系、社会关系，还是长期的商业关系，特别是与公众有关的商业关系都离不开信任。

信任会产生价值，因此，被人信任是一种幸福。

在浩瀚的大海上，一艘货船正迎着风浪艰难地行进着。船尾处，汤姆正在努力地在暴风雨来临前，把货物搬运到内仓。但是一个巨浪突然拍了过来，汤姆大叫了一声，就被拍落到了海里。

"救命啊！救命啊！快救我！"汤姆在海里一边拼命挣扎，一边高喊着。

可是大家都坚守在各自的岗位上，再加上风大浪高，根本没人注意有人高喊救命。汤姆眼看着自己距离货轮越来越远，心里十分焦急。尽管汤姆还是个未成年的孩子，四肢又十分赢弱，但是出于求生的本能，他拼命地挥动着双臂，努力不让头被海水淹没。

这时，汤姆仅有的一点点力气也用完了。他无奈地对自己说："算了，看来我只有等死了，我还是别再做无用的挣扎了。"

可是汤姆闭上眼的一刹那，突然想到了最疼爱他的老船长。他抽泣着，用尽最后一点力气，向着天空大喊了一声："老船长。"

老船长仿佛收到了求救信号一般，突然发现汤姆失踪了。于是，老船长开始派人在船上搜寻。直到找遍了整个货轮都没有发现汤姆，老船长立刻下令："返航，快，汤姆一定是掉到海里了，我们得回去救他。"有些老船员则哀怨地说："还是别白费力气了，这么大的风浪，掉到海里估计已经淹死了。再说海里有鲨鱼，可能早被吃了。"

老船长摇了摇头，坚定地说："不，不行，一定要回去。"

有的船员说："他就是孤儿，没人管的孩子，咱们这么大费周章干吗？"

老船长生气地说："一定要返航，你们全都给我住口。"

终于，就在汤姆被冻僵要沉下去的那一刻，老船长发现了他。被救起的汤姆睡了一天一夜，苏醒后，他跪在老船长面前说："感谢您的救命之恩，这辈子我愿意永远跟着您在海上漂泊。"

老船长连忙拉起汤姆，问道："孩子，你是怎么挺过来的？怎么能够坚持那么久呢？"

汤姆笑着说："我知道您是最疼我的，您发现我不见了，一定会来找我的。"

老船长笑着说："你怎么那么肯定我一定会回来找你？"

"因为我知道您是值得信任的人。"

老船长把汤姆一把搂在怀里："孩子，能够被你如此信任，让我感觉自己很幸福，你这是把生命都交给了我啊。"

如果没有对老船长的这份信任，也许汤姆很快就沉入了大海，根本没有活下去的希望。

无论是亲人、爱人、熟人，还是陌生人之间，如果不被信任，那互帮互助、互通有无都无从谈起。因此，被人信任会产生幸福感，也会激发你积极向上的动力，这不仅是助人为乐的境界，更是一种幸福的体验。

如果想要被人信任，就需要用心守护，用足够的真诚做基础。

王天成是一家心脏病专科医院的主任医师，由于尿路结石，刚刚做完手术。但是，他顾不上休息，就准备为几周前约好的病人主刀。

"王主任，要不推迟一下手术时间吧，您手术还没过二十四小时，麻醉的药力还没有完全散去。"护士长说。

王天成从病床上爬起来，直接拔掉了镇痛棒，挂着尿袋，换上了工作服，说："去通知家属，手术按原定时间正常进行，我主刀。患者正是由于知道我曾经给同样82岁的患者做过手术，才指定要我主刀，我不能辜负患者的信任。这位患者已经72岁了，上周已经做好了各方面的检查和安排。如果错过了这个时间，可能对病人的身体健康不利。而且我自己是个医生，我对自己的身体做过了评估，我能胜任。"

就这样，王天成打了止疼针，挂着尿袋，上了手术台。终于，经过四个小时的努力，手术圆满成功。完成手术后，王天成感觉腰很酸胀，反复叮嘱护士和患者家属要注意观察和按时吃药。然后，王天成才回到了病房，恢复了病人的身份。

王天成的事迹很快传遍了医院，大家都说："在医患关系紧张的当下，能够得到患者及家属的信任实属不易，而王天成也在用自己的专业技能和真诚的心守护着对患者的信任和承诺。当医生真正学会真心站在患者角度思考问题时，那离得到患者的信任也就不远了。"

苏联著名剧作家维克托·谢尔盖耶维奇·罗佐夫曾说："人在履行职责中得到幸福。就像一个人驮着东西，可心头很舒畅。人要是没有它，不尽什么职责，就等于驾驶空车一样，也就是说，白白浪费。"从这个角度来说，被人信任是一种责任。

而想要得到别人的信任，就需要真诚的付出和过硬的技能。

被人信任，所以觉得幸福，继而更加乐于助人，在这样的良性循环下，人与人交往会变得更加简单和真诚。

别太把自己当回事

把人生比作一个舞台，有人喜欢躲在幕后默默付出，有人喜欢站在聚光灯下享受观众的掌声。但是，有些时候，要学会放下姿态，别太把自己当回事。

能屈能伸，是一个人必须具备的特质。只有拿得起，放得下，别太把自己当回事，才能在人生这片海洋中，扬帆远航。

学会不把自己太当回事，其实并不是卑微。敢于放下身段，不把脸面看得那么重要，其实是一种风度，一种修养，更是一种难能可贵的境界。

韩信是秦末著名的战将、谋略家。可是在早年，韩信却一直不得志，且生活十分清贫。他年少时，父母双亡，靠着钓鱼挣得的微薄收入勉强维持生计。

然而，人穷志不穷。韩信虽然过得艰苦，但是不忘熟读兵书，习武练剑。可是，同村一个势力很大的屠夫看到韩信穷得连饭都吃不起，腰间还整日悬挂着宝剑，就想刁难一下他。

这日，韩信拿着刚钓到的鱼，去集市上叫卖。屠夫行至韩信的摊前，停了下来，居高临下地看着他。

屠夫说："你这么落魄，却每天都要带着一把宝剑，莫不是因为胆子太小了，要时刻防身？"

韩信低下头，将篓子里的鱼悉数摆在摊布上，并不理会屠夫的挑衅。

屠夫有些恼火，嚷道："喂！韩信！你敢不敢和我比试一下？"

韩信站起来，直视着屠夫："比什么？"

屠夫笑道："哈哈哈！你这胆小之人，我猜你肯定不敢和我打。"

屠夫抽出一把柴刀，在韩信面前比画着。屠夫的手下们也从人群中窜了出来，站到了屠夫身后。

韩信环顾了一下四周，集市上围观的人群越来越多，起哄的人也不在少数。

他隐忍着心中的怒火，手已经放在了腰间的佩剑上。可是对方人多势众，就算是打，也打不过。

屠夫笑得猖狂："怎么？不敢了？"

韩信咬紧牙关，默不作声。

屠夫继而说道："如果你从我的胯下钻过去，我就放过你。"

　　韩信沉默良久，把腰间的剑往地上一扔，随即从屠夫的胯下钻了过去。

　　正是因为韩信能够忍受胯下之辱，才有了后来的成就。

　　每个人都应该学会放低姿态，必要的时候，学会不把自己太当回事，做到能屈能伸，才能取得成功。

　　其实，学会不把自己太当回事是一种幸福，是对什么事都毫不在意，对什么事都宠辱不惊的一种态度。这样的人生，才会过得更加幸福、圆满。

　　如果有人侮辱你、谩骂你、挑衅你，你大可不必为此烦恼，你甚至可以不去反驳，不去争吵。永远都不要因为别人的一句"你不好，你很差劲"而贬低自己，因为你不会因别人的侮辱、嘲笑而变得不堪。

　　古时有一个名为夜郎的小国家。这个国家土地面积很小，百姓也很少，物产资源更是贫瘠。夜郎国周边的国家也都是些小国，甚至比夜郎国还小。所以，夜郎国国王就以为自己的国家是全天下最大的。

　　这日，国王和臣子在巡视国境。国王指着前方问臣子："这四周哪个国家最大？"

　　臣子们谄媚地说道："当然是国王您的夜郎国最大了！"

　　国王听后满意地点了点头，而后又望着远处的高山说："这天下还有比夜郎山更高的山吗？"

　　臣子们继续谄媚地道："回国王，天下没有比夜郎山更高的山了！"

国王仰天大笑。一行人行至河边，停下了脚步。

"那夜郎河也是天下最大的河了，哈哈哈！"国王说道。

臣子们围着国王："国王，您说的一点儿也没错。"

后来的某一天，汉朝的使者来到了夜郎国。国王设宴招待。

一时间，大殿上歌舞升平。舞姬水袖轻扬，翩翩起舞，歌姬轻启朱唇，余音绕梁。大红灯笼在房梁上悬挂着。国王举起酒杯，一杯葡萄美酒下肚。

"汉朝使者，这宴会你可满意？"国王笑着问使者。

"多谢国王的招待，这宴会妙不可言。"使者回道。

"那和你们汉朝的宴会比呢？"国王继而问。

使者有些惊讶，继而婉转地说道："贵国的宴会风格自成一派，甚是惊艳！"

国王点了点头，问："那你们汉朝和我们夜郎国，谁的领土更大一些呢？"

使者手一抖，杯中的酒洒了一地。

"国王，这……这毫无可比性！"使者无奈地放下酒杯。

国王大笑道："使者不必悲伤，夜郎国是天下之最，无人能比！"

使者有些愤怒地摇了摇头说："国王，我是说，我们汉朝地大物博，您的夜郎国跟我们大汉朝毫无可比性！"

国王听后大怒，摔了酒杯，下令把使者关押了起来。而这一系列自以为是的做法彻底激怒了汉朝。

不久之后，汉朝带兵攻打夜郎国，地薄人稀的夜郎国不堪一击，一朝山河瞬间破碎。

从此，这天下便再没有夜郎这个国家了。

夜郎国之所以灭亡，正是因为国王太把自己和自己的国家当回事了。

无论你多么优秀，多么有权势，多么有财富，都不要把自己看得太高，太当回事，而应该时刻怀揣着一颗平淡而谦卑的心。遇事宠辱不惊、不骄不躁，才是人生智慧。

不把自己太当回事，不是看轻自己，而是要认清自己，放平心态，淡泊名利。

面对诱惑，该有定力

蘑菇在森林里随处可见，可往往外表美丽的蘑菇，都是有剧毒的。诱惑就好比美丽又危险的毒蘑菇，一旦尝试，后果就不堪设想。

诱惑也可以是铺满鲜花的陷阱，用娇艳的色彩和扑鼻的芳香来刺激你的感官，一旦踏进去，往往就会跌入万丈深渊。

所以，面对诱惑，你必须说"不"。

车水马龙的街、霓虹闪烁的夜，拥有着高楼大厦的城市，对于乡下人来说，是一种诱惑。

一贫如洗的穷人渴望变成家产万贯的富翁；挥金如土的富翁在娶妻生子之后还渴望拥有更多……

拒绝诱惑的最好办法就是要提高自己的定力。定力是决定你会不会被世俗所诱惑的关键因素。

古时候有一个叫文生的秀才，进京赶考中了榜眼，马上就要当官了。人人都羡慕他运气好，一朝飞黄腾达，可是文生却为此闷闷不乐。

同村的老李问他："文生啊，你马上就要当官了，为何还愁眉苦脸呢？"

文生叹了口气，说："李叔啊，你不懂我的苦恼。当官容易，可是当一个两袖清风的好官难啊！"

老李说："出城五百里有一座山，此山名为云雾山，时常有仙雾缭绕。山上住着一位老人，是个贤德的智者。你可以找他解决你的苦恼。"

文生听后连忙道谢。他赶到云雾山的时候，已经是夜里了。

山路崎岖蜿蜒，不便行走，文生不得不在山中休息。他环顾四周，看见就在山上的不远处，有一户人家亮着烛光。

文生敲门借宿，开门的是一个美艳动人的女人。

女人二八芳华，一双乌黑的瞳仁水波氤氲。她穿了一件颜色艳丽的衣衫，衬托着她妖娆的身段更加楚楚动人。

"公子是来投宿的吗？"女子笑意盈盈地问道。

"小生此行是来找云雾山上的智者，可现下天色已晚，小生实在无处可居。"文生说。

女子笑着说："那公子请随我进来吧。"

文生沉默半晌，说："姑娘家中可还有其他亲人？"

女子摇了摇头说："我的丈夫参军去了，至今未归。"随即，她眼波一转，倚在文生身上说，"我一个孤苦无依的女子久居这深山中实在寂寞，公子快随我进来吧。"

文生迅速推开女子说："姑娘请自重，在下已有家室。"说完，他拂袖离去，忍受着夜寒露重继续赶路。

行至半山腰时，天已经蒙蒙亮了，这时四个抬着轿子的男人拦住了文生的去路。

"公子莫慌。"为首的男人说道，"我们是智者派来接应您的。您身份尊贵，实在不能再受这登山之苦。公子，请上轿。"

文生连忙摆手拒绝道："吃得苦中苦，方为人上人。我虽中了榜眼，但万不可滥用权力。"

四人对视了一眼，随后为首的男人谄媚一笑："公子，您日后一定是个好官儿！我家中有良田几亩，金银几箱，想用来谋个一官半职，也好不辜负家人对我的期望。公子，不知您意下如何？"

男人掀开轿子的门帘，轿子里面有几个大小不一的箱子，尽是些金银珠宝，不由得令人眼花缭乱。

"公子，您当官也没这么多俸禄，您收下这些，此生便可衣食无忧了。"

文生气愤地说道："我此生所愿，是做一个两袖清风的清官。我是不会与世俗同流合污的，多说无益，请回吧！我还要赶路。"

文生抵达山顶的时候，智者正坐在亭子里饮茶。

"晚辈文生，有事向智者请教。"文生说，"怎样才能做一个廉洁的清官呢？"

"答案，在你上山来的这一路上，就已经告诉你了。"智者大笑。

文生恍然大悟。从此，这世间又多了一个公正无私、廉洁贤明的清官。

这个故事其实告诉了我们四个字：拒绝诱惑。

磨炼自己的定力就是拒绝诱惑最好的办法。胜人者力，自胜者强。面对诱惑，最大的敌人不是别人，不是外界的诱惑，而是自己。

白居易在诗中写道："自我心存道，外物少能逼。常排伤心事，不为长叹息。"

不论外界的物质诱惑有多么强烈，只要心有定力就不会被击败。即使没有人监督、管理，也要自己战胜心里的欲望。只有战胜了自己，才不会逾越底线，才不会在面对诱惑的时候犯错。

在树木丛生的森林里，有两只公羊因为领地问题进行了一场生死搏斗，它们互相顶着对方，一时间难分上下。鲜血从它们的身上流到了泥土里，咸腥的味道在林子中弥漫开来。

一只恰巧路过的狼看到了这一幕，顿时心生欢喜。它心想：坐山观"羊"斗，自己就可以不费吹灰之力坐享其成。但是鲜血的味道实在是太香了，狼不禁咽了咽口水。它看着两只羊附近的地上，有很多甜美的血液，就想先舔点血再等着吃肉。可是当狼扑过去舔血的时候，两只公羊顿时警觉起来，并一起撞向狼，竟把狼活活地撞死了。

孔子有云："欲念大奢者，失望亦多。"

面对诱惑，无法自控，过分追求欲望，往往会变成欲望的奴隶。

不贪不求是面对诱惑最好的解决方法。不贪，不是指禁欲；不求，也不是指不追求物质。凡事都讲求一个"度"字，只要有定力，不过分追求荣华富贵、声色犬马就能抵制住诱惑所带来的冲击力。

诱惑不分大小，有定力的人，再大的诱惑也能抵御。

第七章

学会做人，不是个
简单的命题

不逞强，否则只会让自己难堪

有一只爱逞强的青蛙。它有着白白的大肚皮和碧绿的脊背，喜欢在荷塘里游泳、乘凉、吃蚊虫。夏日里，它尤其喜欢蹲在圆圆的荷叶上呱呱呱地唱歌。

有一天，它鼓足了气开心地唱着歌，一只蜻蜓飞过，惊叹道："这只青蛙真大呀。"青蛙听了十分自豪，眯着眼睛，刻意鼓大肚皮说："那当然了。"

对话吸引了路过的金鱼，它说："啊，这里有一只好大的青蛙呀。"青蛙听了更加神气了，把眼睛眯得更细，肚皮鼓得更大了。

这时，一头水牛走到荷塘边来喝水，蜻蜓和金鱼看见了叫道："哇，大水牛！"

青蛙不服气地道："有我大吗？"

蜻蜓讥笑道："可比你大多了，你和水牛比太小了。"

　　青蛙十分好面子，便跳到水牛旁边，用力地吸气鼓肚子，肚皮又圆又大，像一只即将爆炸的气球，它问："你再看谁大？"金鱼和蜻蜓害怕地叫道："别比了！别比了！"

　　青蛙平时里嘹亮的声音如今也哑了，依然费力地吸气，说："凭什么不比了，凭什么！"突然间，砰的一声，青蛙的肚子被撑破了。

　　明知道不可能的事情，却还要勉强自己去完成，结果也只是落得付出沉重的代价。所以，无论多么强健的人，超过自己能承受的底线，也会跌跤。

　　有一个学生非常想求得一个保送机会，可是他无论怎么夸大自己的能力，申请报告就是通不过。于是，他去找已经退休、在乡村赋闲的教授帮忙。

　　他去的那天，教授正在院子里打水，他把水井的水装进了两个大桶，却没有装满。学生走上前去，疑惑地问道："教授，这桶这么大，您怎么不装满呢？"

　　教授放下正在摇井的两只手，对他说："够用就好。贪多有余，适得其反。"

　　学生不解，追问道："多多益善不是吗？"

　　于是教授将两个大桶装满了，向学生招了招手："你来，把它们搬进厨房。"

　　学生卷起了袖子，心想："可不能在教授面前丢脸。"于是一口气拎起了两只装满了水的大桶，想不到两只大桶看着轻薄，装满水后非常重，学生没走几步便体力不支，维持不住平衡往前栽去，不仅蹭破了手，还把两只桶打翻了，水流了一地。

教授上前来扶起他，给他拍了拍膝盖上的土，告诫道："你看，水洒了还得重新打，岂不是适得其反？"学生羞愧地挠挠头，但还是厚着脸皮提起了保送的事。

教授思考了一下，语重心长地说道："如果你如实描述了你的能力和情况仍然通不过，那么就说明这次的机会就是你刚刚泼出去的水。既然无力承担，不如量力而行。所以有这个时间，不如去做些你能够做的事情，免得得不偿失。"

学生点点头，若有所思："教授，我明白了。"

大多数人都会觉得，最了解自己的人是自己。但其实，自己也是最不了解自己的那一个人。

人们在用"纸上谈兵"这个成语的时候，大概想不到，这里面浸着一个人的血吧。他就是战国时期，赵国大将赵奢的儿子——赵括。

赵括的父亲有勇有谋，曾在抵御秦军入侵的战役中以少胜多，被人民爱戴，也被当时的国君惠文王提拔为上卿。耳濡目染，赵括受父亲的影响，熟读兵书，热爱军事兵法。平日里，也喜爱跟别人争论战事和兵法，总是能说得对方哑口无言，因此很自以为是。

赵奢还在世时，并没有让他入仕为官，就是因为赵括没有实战经验。赵奢曾评价自己的儿子，毫不嘴软："兵，死地也，而括易言之。使赵不将括即已，若必将之，破赵军者必括也。"意思是，上战场打仗，是生死攸关的事情，可赵括总很轻易地谈论解读。赵国往后，不任他为将领也就罢了，一旦用，那么让赵国战败的人，就一定是他。

赵奢去世后，廉颇为长平之战的总指挥。虽然此时廉颇年迈，但他经验丰富，令秦军节节败退。于是秦军想出一计，命人散播谣言，说是"秦军最害怕的就是赵括"，新继位的孝成王忘记了已故赵奢的话，上当受骗，命赵括前去替换廉颇。

赵括一上任，自认为造诣颇高，一举推翻了廉颇之前的作战方法，照搬兵书上的计策。而被白起率领的秦军大破后，赵括仍死要面子，不使用廉颇的计谋，最终令四十万赵军战死沙场，自己也死于城破，为自傲和逞强付出了代价。

逞强来源于自负或自卑。自负的人和自卑的人一样，不愿意直面自己的缺陷和不足，急切需要一些东西来证明自己。可面对"强敌"的来临，死要面子活受罪，接受能力范围之外的东西，最后让自己难堪。

逞强的代价，轻则让自尊心受打击，重则会付出生命。每个人心中应当有一把尺子，度量出自己的底线。

不攀比，生活本就多烦恼

去过动物园的人应该都看过孔雀开屏。雄孔雀会展现出自己华丽且鲜艳的羽毛来求偶，在开屏的一瞬间，壮观的景象让人目眩神迷。

但孔雀开屏多多少少都有一些炫耀的成分在里面，我们也经常用"孔雀心理"来形容互相攀比、争强好胜的一种不健康的心态。

然而，在当今社会拥有这种负能量的心理状态的人，却不在少数。

其实，每个人都有攀比心，而攀比心就好比一把双刃剑，有积极的一面，也有消极的一面。它的好处可以使人更加进取，不过它的坏处也是无穷无尽的，长期被这种心理状态占据的人，会比其他人活得更累、更辛苦。

在传统心理学上，攀比被定义为一种偏阴性的心理特征，稍不留神，这种心理就会在心底种下种子，最后生根发芽。

有一种鸟，住在南美洲的原始森林里。

这种鸟通体翠绿，耀眼的绿色中夹杂着一圈一圈的灰色纹理，仿佛清江绿水中泛起的层层涟漪。因此，它被人们称为翠波鸟。

翠波鸟美丽至极，艳丽且张扬。不过它每天都很忙碌，忙着筑巢，忙着搬运树枝，所以显得无精打采、疲惫不堪。

有人会问，小鸟筑巢不是很正常的事吗？为什么会这么累？

其实，翠波鸟的巢穴和其他鸟的巢穴是不同的。翠波鸟鸟巢的特点是大，它们的巢架在一棵棵形态各异的树上，场面异常的壮观。

你或许会疑惑，翠波鸟不过是一种体长五六厘米的小鸟，可是为什么它们筑造的巢穴要比自身大上几倍，甚至十几倍呢？

和大家有着相同疑问的是莱奥托。他是一名不折不扣的动物爱好者。

莱奥托为了解开这个谜团，活捉了一只翠波鸟，放进了事先制作好的一个巨大笼子里。可接下来发生的一幕，却令莱奥托意想不到。

这只被关进笼子的翠波鸟并没有筑造巨大的鸟巢，而是只筑造了一个能容纳下自己身体的小鸟巢。这一现象让莱奥托顿时来了兴趣。于是他又活捉了一只翠波鸟，和之前的那只放在同一个笼子里。莱奥托想看看第二只翠波鸟的筑巢情况。

可是，这一次的结果明显让莱奥托大吃一惊。

第二只翠波鸟在放进笼子没多久后，便开始努力地筑巢，它的鸟巢越来越大，超过了第一只翠波鸟的巢穴。更奇怪的是，原本已经停工的第一只翠波鸟，在第二只鸟来后也不甘示弱地开始疯狂扩建。就这样，两只鸟的鸟巢越筑越大，渐渐的，它们开始疲惫不堪了，筑巢的速度也越来越慢。

它们要建到什么时候？莱奥托心想。

又过了几天，第一只翠波鸟因为体力不支竟被活活累死了。而在看到第一只鸟死后，第二只翠波鸟竟然停止了筑巢。

莱奥托觉得这种现象很神奇，令人百思不得其解。

后来，他又活捉了一只翠波鸟放进了笼子，结果和之前发生的情况如出一辙。新来的鸟开始拼命地筑巢，原先的那只也开始在原有的基础上疯狂地扩建。最后，当其中一只鸟因为劳累而死去时，另一只鸟就会马上停止筑巢。

只有一只鸟存在时，它会建一个只够自己用的小鸟巢。而当两只鸟共存时，双方就会开始无休无尽地扩建。

莱奥托恍然大悟。

原来，令翠波鸟筑巨大鸟巢的原因竟然是攀比。这种鸟的攀比心过于强烈，它们不能忍受别的鸟巢比自己的大。所以，一旦看见其他鸟在筑巢，那么它便会开始疯狂的扩建。在莱奥托的实验中，死去的那两只鸟就是因为无休止地筑巢被活活累死的。

攀比心理一旦控制不好，变得过于极端，便会酿成难以挽回的大错。所以，我们应该合理地使用攀比心这把双刃剑。

但在日常生活中，我们往往又会不知不觉间和别人进行各种比较。比谁的能力更出色、比谁的家境更优渥、比谁的长相更美丽、比谁的吃穿用度更大手笔……

有句俗话说得好："人比人，气死人。"

生而为人，就该豁达一些。没有必要在攀比面前产生自卑的心理，也更没必要在攀比面前自我满足，来填补所谓的虚荣。

相传，孔子一共有3000多个弟子，但只有颜回是孔子最得意的门生。

有一次，孔子在给弟子们传道授业时说，你们的师兄颜回，是一个真正的贤者。他住在一个荒凉偏僻的巷子里，过着艰苦清贫的生活。

弟子们不解，问孔子，颜回师兄很贫穷吗？

孔子说，颜回并不贫穷，他用竹子盛饭，用木瓢舀水。

弟子们大呼，用竹子和木瓢吃饭喝水还不贫穷？

孔子笑了笑继而道，颜回从来不会在意别人的眼光，也从不和其他弟子攀比。这种事如果落在了别人身上，那是不堪忍受的。但是颜回满足于现状，虽然生活清贫，但他的内心却是无比的富有。

弟子们听后恍然大悟，连连称赞颜回师兄，说他真是一个贤德的人。

孔子点了点头，说"安于贫而乐于道"，说的正是颜回。

　　这种知足常乐的淡泊心态，是我们值得学习的。

　　不健康的攀比心会时时刻刻扰乱自己的心境，打乱自己原有的生活和目标。与其和身边的人横向攀比，倒不如和过去的自己纵向攀比。

　　要正确对待攀比心理，我们就需要以自身为前提，寻找一个新的目标。新的目标一旦建立，就好比在自己的心里点亮了一颗启明星，为自己照亮前路。这样你的人生也会有了新的信念，努力朝着希望前行。

　　生活不易，酸甜苦辣咸五味聚集。唯有知足常乐，才是漫漫人生路上的一剂良药。

微笑，是最基本的礼仪

有人说，爱笑的人，运气都不会太差。的确，微笑作为人类学习、生活、工作最基本的表情，一直是人与人之间互相传达情绪和情感的最贴切的表达方式。有时候，即便是一个浅浅的微笑都饱含了丰富的内在，更蕴含了无穷的魅力。

微笑，是全世界通用的语言，是人与人之间最简单的相处之道，更是交友待客最基本的礼仪。

"花笑"是镇上一家信誉和品质都很好的花店，随着花店越做越大，老板便张贴了一则招聘广告，想要聘请一位"卖花的姑娘"。广告一贴出，短短几天，前来应聘的人就已经多达五六十个。在经过老板仔细的筛选后，最终选出了三位女孩，老板要求她们每个人分别经营"花笑"一星期，三个星期之后，老板会依据各方面的考量，挑选一个人成为花店的正式员工。

不得不说，三个女孩都长得很漂亮，也都很适合"卖花姑娘"这一职位。小美是其中最老到的售花者了，在此之前，她已经干这类工作有几年了。第二位女生——阿兰，则是刚刚在花艺学校毕业的大学生，虽然经验不足，但对花朵艺术有着丰富的学术了解。最后一位是待业女青年小琪，和前两位姑娘相比，小琪在售花方面的知识就有些浅见寡识了。

小美一听老板一开始就要以实战经验来考验她们，心中不禁窃喜，毕竟对她而言，售花已经可以说是驾轻就熟；阿兰听完老板的话也觉得激动，因为自己虽然不如小美那样有着丰富的经验，但是自己有着丰富的专业知识；只有小琪觉得有些紧张，但她还是微笑着给自己加油打气。

第一个星期，有着丰富经验的小美经营花店期间，每次有顾客进来，她都可以轻易说出某种花的花语，或者是什么样的人应该送什么样的花。可以说，几乎每次进店的顾客都会被她说服去买一束花或者一篮花。一个星期过后，小美的成绩相当不错。

第二个星期，轮到了花艺女生阿兰经营花店时，她把自己的专业知识发挥得淋漓尽致。顾客一进门，她就开始滔滔不绝地讲述插花的艺术，甚至包括插花的成本，每一段话都经过她的精心琢磨。不得不说，她所学到的专业知识加上她聪明的头脑，为她这星期的经营加了分，并且也为花店带来了很不错的业绩。

第三个星期则是由待业女青年小琪来经营花店，一开始她有些放不开手脚，甚至有些手足无措，但是她整个人置身于花丛中，脸上不禁流露出的微笑就像是鲜艳的花朵，由内而外散发出芬芳，散发出对生活的热爱，对工作的热忱。老板发现，卖剩下的一些残花小琪也舍不得丢掉，而是自己进行简单修剪，免费送给路过花店的孩子和学生。并且，每一个进店的顾客，不论最后是否买花，都会得到她甜美的微笑和甜蜜的祝福语。而顾客看过这样的微笑过后，都会回以微笑，带着好心情离开。虽然小琪很努力地工作了一周，但她最后的售花业绩无法与小美和阿兰相比。

可令人感到意外的是，老板最后选择了小琪。小美和阿兰觉得不解，纷纷询问老板，老板微微一笑，语重心长地说："利用售卖鲜花去赚的钱是有限的，都是可以计算的，可是用如花般的微笑和情绪去感染人的价值是无限的。售花的艺术可以慢慢学，经验更可以慢慢累积，可是如花般的微笑和情绪却不是每一个人都带有的气质和品德。"

微笑，是毫不费力的动作，却有着无穷的魅力。它可以向别人传达自己的心情和心意，也可以带给人坚持下去的勇气和动力。

安吉尔本来是一座小城里的富豪，可是一场投资的失败，让他一下成了一个"负翁"。一夜之间，他几乎失去了所有，不仅负债累累，就连豪宅、名车都被银行收走，名下各分公司也面临破产，妻子也在他屡劝不听的情况下变得敏感脆弱。心灰意冷的安吉尔写了份遗嘱，一心只想赶快结束这段颓废又无能的日子。

正当安吉尔徘徊在大桥上，思考他离开之后儿女该怎样生活的时候，迎面走过来一个小女孩，大概四五岁的样子，她手里拿着粉红色的小瓶子，在嘴边吹着泡泡。泡泡被小女孩吹出了五彩的颜色，散在女孩的周围，像是把她罩在了一个奇妙又美丽的童话世界里。安吉尔有些看呆了。

小女孩逐渐走到了大桥上，猛然意识到有人在看着自己，便向前看过去，带着天真和娇俏的神情看着皱眉的安吉尔。随即，女孩对着安吉尔露出了最纯真的微笑，并开口说："叔叔，不要总是皱眉哦，整天皱眉头的话会失去好运的！要常常保持微笑，这样才会过得幸福欢乐！"

女孩说这句话的时候，安吉尔仿佛看到午后的阳光柔柔地洒在她温和的笑脸上，就像是带着圣洁的光环。只是这一会儿，安吉尔忽然想到，自己的妻女在之前也是常常露出这样的微笑的，他瞬间感到一股说不出的感动，有一股暖流流进了心底，冲破了心里的阴霾。

这个世界上有很多美好的东西值得留恋，何必这么看不开要轻生呢？只要心存善良，面带微笑，一定可以从头来过。和小女孩微笑着告别之后，在回家的路上，安吉尔的脚步变得前所未有的坚定。

之后，安吉尔凭借自己从前积攒的人缘和微笑带给他的勇气，重新振作。

女孩一个简单、纯真的微笑，恰恰显露了她最真实的内心，从而给了安吉尔活下去的勇气以及从头来过的动力。

微笑，可能对大多数人来讲只是再简单不过的行为动作，可有时候，又会成为人际交往甚至是个人事业中不可或缺的一部分。因为微笑很可能会带给人意想不到的惊喜和收获，连接通往幸福的阳光大道。

给别人面子，就是给自己铺路

在金庸大师的《侠客行》中，石破天虽然参透了金乌刀法、太玄经等武林神功，但白阿绣奉劝石破天在和白万剑比武时，尤其是打败了对方时，一定要记得及时后退几步，立刻收回兵刃，再双手抱拳，夸赞一下对方的剑法玄妙。果然，照做的石破天并没有因为赢了白万剑而结下仇怨，反而因在言语中抬举白万剑，让白万剑输得心服口服，二人还成了好朋友。

爱面子，是每个人都会有的心理。就好比小时候每逢上学迟到，总会假装生病或者家中有急事，实际就是起床晚了，怕老师当着全班同学的面批评自己。这样的经历，很多人都有过。

在与人交往的过程中，给别人面子就是给自己面子和方便。因为你给别人足够的情面，别人也会对你心存感恩，你就会得到他们的"心"。

布鲁克是一家实木家具厂的老板。有天中午，布鲁克吃完午饭正准备到各个车间检查工作进度，突然发现在库房里有几个工人竟然在偷偷抽烟。布鲁克内心有股无名火燃烧了起来，心想：居然敢在上班时间，还站在"严禁吸烟"的标语前面吸烟，真的是太无组织、无纪律了。

但是，布鲁克很快又冷静了下来，心想："要是我现在跑过去，冲他们发一顿火，狠狠训斥他们一番，再扣除他们的工资和奖金，虽然也合乎规定，但是这样一来，这几个员工在其他工人面前就失了颜面，再也抬不起头来。他们肯定会对我和所有规章制度产生不满和质疑，甚至可能在工作中传播负能量、坏情绪。坏情绪又可能直接影响他们的工作积极性和效率。这样算下来，对自己的企业来说，反而变成了一种损失。"

想到这里，布鲁克继续朝库房走去。走到库房时，几个员工都赶紧熄灭了自己的香烟。意外的是，布鲁克没有冲他们大喊大叫，而是从自己裤兜里掏出一包香烟，然后递给了几个员工，并轻声说："下次，如果你们能在远离库房的地方抽烟就更好了。"然后布鲁克指了指他们身后的"严禁吸烟"的警示牌。

本以为老板会大发雷霆，扣他们薪水，甚至可能直接开除他们，没想到老板竟然这么通情达理，几个工人瞬间羞红了脸，赶忙低下了头向老板道歉，并承诺再也不会犯同样的错误。

然后，布鲁克和这几个工人一起到外面去抽烟。在交流的过程中，布鲁克了解了更多工厂的基层实际情况，这些都成为他将来更好地管理工厂的基础。

人世间的事变化不定，正如杜甫诗云："天上浮云似白衣，斯须改变如苍狗。"给别人留情面和余地，以后在任何场合见面都不会尴尬。在职场或者生活中，给别人留面子，也是给自己留后路、铺路。

受全球经济危机的影响，微微所在的公司最近接到的订单少得可怜。老板是个有情有义的人，不愿意看到跟随自己辛苦打拼多年的员工都卷铺盖回家。因此，老板在周一的例会上跟所有员工商量"减薪，共渡难关"的事宜。

老板语重心长地说："在座的都是跟我出生入死的兄弟姐妹，现在公司暂时遇到了财务周转上的困难，但我不想看到你们其中的任何一个人被辞退，我希望你们能够和公司共进退。所以，我才提出工资减半，大家一起扛过去的建议，也请大家理解。当然，如果你们对我这个提议有异议，也可以选择离开，工资一分钱也不会少你们的。大家思考一下，发表一下自己的意见。"

在这样的情况下，会议室里很快便有了讨论声，几个耿直的老员工一听到减薪，就满含怨气地说："说得冠冕堂皇，其实就是间接的剥削，我们可不同意减薪，再说我们都上有老下有小，总不能每个月让他们都喝西北风吧。"

甚至还有几个元老级员工说到了老板创业时的窘境："想当初我们跟老板一起创业的时候，那真是一穷二白，有时候订单收不回来钱，老板都是四处赊账、借钱。现在再让我们回到那个时候，我们打心眼里还是抵触的，我们还是觉得直接裁员比较好。"

在一旁听着这些持反对意见的人讲话，老板的脸色越来越难看。

此时，进公司才一年多的微微则站起身来第一个表示支持："我觉得老板说的话挺让我感动的，而且作为公司的一分子，我认为我应该和公司共进退。我也能够理解老板的良苦用心，说白了老板就是个重情义的人，所以才和咱们商量，才会舍不得裁员。我也号召大家支持老板的决定，大家一起努力，争取后半年把钱都挣回来！"

随后有超过一半的员工表示支持老板的决定。最终，公司还是实施了"工资减半，共渡难关"的决议。不到半年的时间，公司就凭借良好的销售业绩恢复了过来，老板还特别补足了少发给员工的工资，而能够第一个站出来替老板说话，给足了老板面子的微微，也被提升为项目负责人，得到了重用。

在有些人眼里，面子比天大，因此，留面子是件很重要的事。圆满化解对方的尴尬、主动承认错误、适度称赞对方、不当面拆穿对方等，都是给别人面子的表现。给对方留足了面子，就是尊重、宽容对方的一种表现，这样善良的举动势必会感动对方，也会让自己有个好人缘。

不被情绪控制，要做它的主人

无论在生活中还是在工作上，都难免会遇到烦心、愤怒的或高兴、兴奋的事情，也会相应地产生积极或者消极的情绪。但是无论是怎样的情绪体验，请记住，不要被情绪控制，否则你的生活将会一团糟。

张平昨晚定的闹钟没有响，起得比平时有些晚的他一起床就一肚子气。洗漱的时候，张平把自己上个月花了几千块钱买的高档手表放在了洗手池的边上。老婆婷婷看到手表，连忙放到了餐桌上，生怕弄湿了。结果儿子一起床，穿好了衣服就匆忙从餐桌上拿了几片面包和一盒牛奶，慌忙之下便碰掉了餐桌上的手表。

张平的情绪一下子"爆炸"了。"平时是怎么教育你的，让你做事不要毛手毛脚的，你看看你这都几点了，上学肯定又迟到，你还弄坏了爸爸的手表，你知道这花了多少钱吗？"

婷婷听到呵斥声，慌忙从厨房跑了出来劝阻："好了好了，你这是干吗啊，就是个孩子，也不是故意给你弄坏的，还是快点去上学要紧，回头再说不行吗？"

张平更是急火攻心，不依不饶地说："不行，我今天一定得好好教育一下你们俩。"

婷婷有些生气地说："你真是发神经呢。走走，儿子，妈妈送你上学，别理你爸，让他自己一个人好好吼叫吧。"

张平着急忙慌地赶到公司，刚进办公室，却发现忘记带开会时发言要用的设计图和数据材料了。于是，张平马上开车回家。可到家后，他又发现自己没带家门钥匙，只好赶紧打电话让老婆回来开门。

半个小时后，拿齐了所有材料，张平开着车急急忙忙准备去公司。为了及时赶到，他甚至在十字路口闯了红灯。可由于车速过快，张平撞到了一位骑着三轮车过马路的老大爷，虽然没有出人命，但还是必须得带老大爷到医院检查。等处理完交通事故，张平回到公司已经是下午了，领导严肃地批评了他。

老婆也因为请假被扣发了全勤奖，儿子也因为被张平一顿臭骂，心情不好，考试发挥失常。一天就这样过去了，晚上张平躺在床上，回想这一天发生的倒霉事。他突然醒悟，原来问题都出在自己身上。因为自己起床晚了，加之那块手表坏了，导致自己情绪失控，才发生了后面一系列本不会发生的事情。

早上赖床时有起床气，工作加班时烦躁易怒，别人不经意的一句话甚至都可能影响自己的情绪。别总以为自己能够完全掌控生活的节奏，实际上不知不觉中，生活已经被自己的情绪所控制。更可怕的是，负面情绪对生活、学习、工作毫无益处，甚至会让你的智商归零，整个人生变得一团糟。

反之，如果每个人能够管理好自己的情绪，做情绪的主人，就能成为生活的主角。

美国黑人拳王乔·路易斯，凭借69胜3负的优异战绩，在世界职业拳击界有着"褐色轰炸机"的美誉，很多对手一听到他的名字就惧怕三分。

有一个周末，乔·路易斯和自己的好哥们杰克约好了一起驱车去健身。但是由于红绿灯出现了故障，又恰巧赶上集市，人多、车多、地摊也多，几辆车在互相行进的过程中，发生了刮蹭。

眼看着前方突然发生意外，杰克赶忙一个急刹车。不料，后面的车贴得太近，两辆车就这样追尾了。乔·路易斯和杰克赶紧下车查看，并准备主动向对方道歉。谁知还没等他们张口，后面的司机就挥动着双拳，怒气冲冲地跳下了车，大骂道："你是有病吗？会不会开车啊？是不是想感受一下我的拳头？"

杰克看到对方这么蛮横，还不断挥舞着拳头，心里气极了，但是乔·路易斯却没有一丝生气，一直在给对方道歉："对不起，这是我们的责任，是我们的错，您修车的钱我们承担，耽误了您的时间，真的对不起，请您原谅。"

对方看乔·路易斯这么好脾气，又骂骂咧咧了几句："真是的，知道自己技术不好，就不要走这条道啊，这里的红绿灯经常出故障，也经常堵车，以后要注意了。这次是遇上我这样好说话的人，要是遇到别人早就暴揍你们一顿了。就这样吧，我们的车自己修理，我们还是赶紧走吧，省得路越堵越死。”

乔·路易斯还是一脸微笑，双手合十道歉说：“是，您说的是，都是我的不对，以后一定会注意的，感谢您的宽容大量。”

看到后面的司机骂得没了兴致扬长而去，乔·路易斯长舒了一口气，身旁的杰克不解地问：“这人明显是故意找事，还敢在我们面前用拳头示威，你是拳王，还怕他不成？为什么不用你的铁拳揍他们一顿？”

乔·路易斯一本正经地说：“难道有人欺负了帕瓦罗蒂，帕瓦罗蒂就得为对方唱一首歌吗？显然不可能，控制好自己的情绪，不被愤怒冲昏了头，才是真正解决问题的方式。否则，我一动手，他也会还击，本来没什么问题的交通事故又演变成了打架斗殴，事情只会越闹越大，越来越糟糕。”

杰克听后认真地点了点头。

在生活中与人发生摩擦是常有的事，情绪化的人会大打出手，而能控制情绪的人则可以顾全大局。你用什么样的情绪对待生活，生活就会用什么样的方式回报你。如果能做自己情绪的主人，就能掌握自己的命运。

你的努力，要配得上
你的年纪

第八章

内心强大，成就
更大舞台

每个人都会遭遇感情困扰

　　感情是情感和情绪的总称，是每个人在成长过程中都会遇到且一定会经历的部分。在处理感情方面的事情时，都会有相应的困扰和顾虑，但是也会收获幸福。

　　换句话说，衡量一段感情的是非对错，关键是看它是你迈向成功和幸福的垫脚石，还是成长中的绊脚石。因为感情困扰很可能影响着你对生活的态度，甚至是你对工作的看法。

　　梅子很小就没有了父亲，这让她觉得自己和其他人不一样，甚至有些自卑，所以逐渐变得不爱说话。实际上，她是一个对待感情专一又热情的女孩子。大概是因为性子比较冷淡，所以梅子的朋友不多。

　　李娜是院子里的开心果，她性格开朗，活泼又可爱，所以身边总会围着一群人想和她一起玩耍，可她却喜欢跟梅子一起玩。

　　大院里有个喜欢调皮捣乱的男孩子，看见李娜邀请梅子玩游戏的时候，就直接过来对着李娜说梅子是一个没有爸爸的孩子，不要跟她一起玩。梅子觉得既难过又生气，正准备跟他争论，李娜一下子推开了男孩子，指着男孩子质问，并要求他以后不可以这样说梅子，如果再让她遇见，就会告诉男孩子的家长他在学校不学习，整天就知道捣乱之类的事情。

那时候的孩子，就算在学校再淘气，回到家也是一副乖孩子的样子。所以，男孩子唯唯诺诺地点头，表示以后不会再这么说梅子了。

在梅子看来，这个看起来柔弱的女孩子比她要坚强和勇敢。从此以后，梅子一直都用冰冷的外表来伪装自己，而李娜一直知道，梅子是一个善良又温暖的女孩。她们的感情，不需要穿同款的衣服和戴同款的首饰，甚至是保持一致的口味来展现，她们的感情，一直就是如此的平稳又牢固。

直到上了高中，那个懵懂的青春期让所有人都有了自己的小秘密，她们的感情也随之被影响。

事情源于一个新转来的学生宋薇。她是梅子搬来之前李娜的朋友，后来搬走了。宋薇的出现，无疑让李娜觉得意外又惊喜。两个人久别重逢的喜悦很快就盖过了李娜和梅子的感情。即便是三个人一起玩耍，梅子还是感觉到了自己的尴尬境地，所以常常找借口不参加三人的聚会。

梅子又一次成了一个人，她不想因为自己影响宋薇和李娜的感情，却也不想因此使自己跟李娜的感情消失殆尽，所以，梅子显得有些为难。

可能是梅子最近的情绪比之前还低迷，奶奶看出了一些端倪，便关怀地问："孩子，最近是学习上遇到什么困难了吗？"

梅子摇摇头没有吭声。奶奶接着问："那么，是遇到感情问题了？"

奶奶看出梅子的眼神有些闪烁，便趁机追问："是有了喜欢的男孩子了？"

梅子连连摇头，紧接着脱口而出："不是的。"

看梅子否定得这么迅速，奶奶已经明了："那就是和李娜还有宋薇有关？"梅子却一声不吭。

奶奶慈爱地摸摸梅子的头："孩子，感情问题是每个人都会遇到的，这是人们成长过程中必经的阶段。你还小，现在遇见的只是关于友情，以后还会遇到爱情，甚至以后成了家，还会有亲情，这些都是感情。在每一段感情的背后，都会存在着问题和困扰，最后收获的是幸福或不幸，结果取决于最终有没有解决这些问题。"

梅子呆呆地问："那如果正在经历感情困扰该怎么办？"

奶奶微微一笑："就算是遇到了，也不要恐惧和害怕，要想办法去解决。你可以去直接表明自己的心情，或者是旁敲侧击地表达自己内心的想法，甚至是直接和那个让你困扰的人不再联系，但是最不该做的就是畏畏缩缩。就像你现在这样，一个人纠结和难过，迷茫地学习和生活。"

梅子觉得如梦初醒。

感情困扰之所以被称为困扰，并不是因为有多难解决，而是因为它可以影响到一个人对学习、生活，甚至是工作的态度和看法。所以，在面对所谓的感情困扰时，第一时间应该想办法发现问题、解决问题。这样才是最正确的做法，也是让自己更加热爱生活、踏实工作的最好方式。

卓然的男朋友刚在公司工作一年，因为正是上升期，所以工作变得越来越忙，不是应酬就是加班。卓然和男朋友是大学同学，两个人大学期间一直是如胶似漆，恨不得天天可以黏在一起。如今落差这么大，卓然心里难免会有失落感。

这天，男朋友又一次醉醺醺地下班回家，身上还有一些香水味，卓然再也忍不住了，便等闹腾的男朋友睡着之后，一气之下去了朋友家。

一进朋友家门，她便抱住朋友大哭："我现在已经感觉不到他对我的爱了，最近他总是忙，加班、应酬，每一个都比我重要，他一定是不爱我了。今天，他身上竟然还有女人的香水味。"

朋友觉得摸不着头脑，但还是安慰道："他对你的感情，我可是都看在眼里的。更何况你那么喜欢他，舍得就这么离开？"

卓然哪有心情考虑这些，铁了心要分手。朋友见她这么坚决，却又怕她反应过来后悔，便说："其实，感情就这么回事，亲情、友情以及你现在正经历的爱情，与其说是感情经历，倒不如说是一次成长。你看你，守着这份感情这么多年了，还是这么不理智，这不正好给那个在你男朋友身上留下香水味的女人一个机会？你分手了，岂不是正中她的下怀？如果都像你这样遇到了感情困扰就决定放手，怎么还会有有情人终成眷属？遇到问题就要想办法解决，更何况是感情问题呢。"

正是因为感情是每个人都在追求的东西，才会产生那么多的困扰和忧愁。但面对人生不如意的感情，不管是哪一方面的问题，都应该及早发现，然后解决，这样才能更好地享受人生。

你总在害怕，终究一事无成

每个人的内心深处都会有一个或大或小的梦想。

有些人勇于尝试，实现了梦想。有些人始于胆怯，终其一生也没有完成自己的梦想。

一个勇敢的人，很少会抱有遗憾，因为他们敢于拼搏，努力争取。而一个怯懦的人，总是会怨天尤人，因为他们永远不敢去做自己想做的事。

其实，无须害怕前行路上的坎坷，也不必去深思熟虑最后的结果，只要勇敢踏出第一步就好。

有些人会觉得，在做一件事情之前，小心谨慎一些，是在未雨绸缪。但真正的未雨绸缪是在做这件事的过程中，做好相应的应对，而胡思乱想，杞人忧天，只会让自己一事无成。

你总是惧怕，总想做这件事会不会成功，但是你没想到的是，你因为害怕失败而不去做的时候，你就已经失败了。如果敢于尝试的话，至少还有成功的机会。

英语一直以来就是唐乐乐的弱项。

高考的时候，因为不尽如人意的英语成绩，唐乐乐和自己心仪的学校失之交臂。但她没有害怕失败，也没有害怕被别人嘲讽。报考的时候，毅然决然地选择了自己最不擅长的英语专业。

后来在大学期间，唐乐乐一直很努力地学习英语，并且每天都坚持背单词。可她的努力并没有得到回报，在考英语专业四级的时候，还是没有通过考试。

在所有人都以为唐乐乐会就此放弃的时候，她又一次崛起了。

比平时还要努力的她，每天都泡在自习室里。因为她有着坚定的信念，亦有一颗不怕失败的心。

功夫不负有心人。在唐乐乐的坚持下，她终于通过了英语专业四级考试，后来还考下了英语专业八级。

本应该松一口气的时候，她却说出了这样的话。她说："我对于英语的追求，永无止境。"她毕业之后的志向，是当一名英语老师。

唐乐乐并没有因为害怕失败而不去尝试。她明知道英语是她的弱项，可她就是想要闯一闯。

因为不努力一把，你永远不知道自己的潜力有多大。

顾城说过一句话："你不愿意种花。你说，我不愿看见它一点点凋落。是的，为了避免结束，你避免了一切开始。"

只有敢于开始，敢于尝试，才能收获成功。

面对自己想做的事情时，要勇敢地迈出第一步，而后再迈出第二步。只有一步一步脚踏实地才能走向成功。就算在途中遇到了挫折，眼看要失败了，也别灰心，别丧气。

你不仅仅要有敢于开始的勇气，还要有面对失败的勇气。没什么大不了的，吸取教训过后，再次卷土重来，成功只会离你越来越近，而不是更加遥不可及。

赵小柯是一个理想主义者。每当有人问及他的梦想时，他都会说得头头是道，一桩一件，周密而详细。

周围人敬佩他是个有志青年，便问他："那你完成几个梦想了？"

这时，赵小柯就会挠挠头说："我还没有去做。"

他想考公务员，买了考试必备的书，搜集了资料，一切都准备就绪。刚开始的时候，他也会努力看书，可是当他发现书中的内容越来越难以理解，学起来越来越不容易时，渐渐地开始消沉了。

赵小柯总是给自己消极的心理暗示，他说，自己一定不行的，这道题太难了，不可能成功。

他还上网浏览了一下关于考公务员的内容，热心网友们的回答，大多都是考公务员不易，有些困难。听到别人这么说，赵小柯便决定放弃了。

他把书收到柜子里，然后开始想下一个要完成的梦想，继续做计划，可是到最后都放弃了。就这样，赵小柯从来没有感受过成功带给他的喜悦。

现实生活中，像赵小柯一样的人不在少数。他们害怕失败带来的挫败感，害怕失败带来的沉痛，甚至觉得失败会让他们丢人。

有多少人在还没开始做一件事的时候，脑海里就已经想了无数个失败的场景，却始终做不到鼓起勇气去放手一搏？又有多少人给自己假设了千万种失败的结果，却从来不肯给自己一个会成功的小小暗示？

墨菲定律的内容有："如果你担心某种情况发生，那就肯定会发生。"

所以，在做某一件事之前，不要考虑那么多。如果一味害怕失败，那终其一生也只能是失败。放平心态，失败并没那么可怕。

人生那么长，最不怕的就是失败。每一次失败都是一次历练，一次成长。失败是成功的垫脚石。俗话说："不经历风雨，怎么见彩虹。"

如果你连开始的勇气都没有，那么也就别幻想自己会成功了。

世界上最令人难过的事情，不是失败，是明明自己可以成功，却一味自我否定。无论何时，都要有信心。别把自己看得太卑微，时刻给自己打气，你可以的。

　　成与败都在一念之间，不敢去做或者不去做，那么你的一切机会都会被自己扼杀了。

　　很多时候，困难真的很可怕，甚至难以解决。但是你要有一颗不怕困难和失败的决心，要时刻鼓励自己，没有什么是自己做不到的。

来一次冒险，大不了从头再来

著名军事理论家克劳塞维茨曾在《战争论》中说过："在战争中，不冒险的结果只能是失败。"冒险意味着走出舒适区，每个人都有惰性，大多数都愿意留在个人的圈子中，像只寄居蟹不敢放开它的壳，束手束脚。

有一个村民得了几亩土地，十分爱惜。一日，邻居路过田地，见他正在张望便问他："快春分了，你种水稻了吗？"

村民说："我担心雨水不够好，没种水稻呢。"

邻居又问："那你种的是小麦？"

村民说道："没有，我担心夏季有暴风雨，麦子恐怕撑不过。"

邻居不解："那你种棉花了？"

村民摇摇头："我听说棉花十分招惹虫子，会被咬坏吧。"

邻居不愿猜了，无奈地问："那你种了什么？"

村民一摊手："我从前没有土地，如今也没有种作物的经验。我要确保我的作物安全长大，所以我什么也没种。"

在井底的青蛙，它以为天地就只有井口那么大，格局被自己限制住了。像戴尔·卡耐基说过的："人生就是一次旅行。走得最远的，常常是那些愿意去冒险的人。乘坐稳妥安全的船，就永远离不开航线。"一个敢于冒险的人，从不惧怕风险和失败，只要有成功的可能，他就会牢牢抓住。

被世人称为"世界债主"的约翰·皮尔庞特·摩根，他的摩根大通公司是华尔街发展成如今的全球金融中心的一个不可或缺的基础。而他的成功，离不开他年轻时搏命式的高风险投资举措。美国几个世纪以来流传着他那句名言："如果政府和法律不做，我自己来！"就是这样一个极具冒险精神的商人，创造了震惊世人的辉煌。

年少时，摩根加入邓肯商行，在为商行去古巴采购海鲜回来的路上，路过新奥尔良码头时，一个巴西船长拦住了他说："先生，不知道您有没有兴趣，半价购置一批优良的咖啡豆呢？"船长拦住他的原因很简单，因为摩根的打扮很像个生意人。

摩根刚好有兴趣跟他聊天，他问："既然咖啡豆很好，为什么要半价卖呢？"

巴西船长脸色有点难堪地说："我们本来是来美国送货的，这边有位合作商购下了咖啡，可没想到货到了，合作商破产了。你说这不是太倒霉了吗？没办法，只好就近抛售了。"

摩根半信半疑，说道："我得先看看咖啡。"

于是，船长带着摩根去了船舱，摩根看了看咖啡的成色，确实是好货。

摩根十分相信自己的判断，便兴致勃勃地签下了交易合同。如此便宜的价格，如此优质的原材料，摩根心想，这真是笔好买卖。于是，他发电报给老板邓肯汇报，没想到邓肯当即回应："不得擅用公司名义，立即撤销交易。"

摩根试图挽回局面："老板，我亲自看过了，咖啡豆的成色确实十分不错，价格还优惠。而且我看这位船长先生十分诚挚，您是否能再考虑一下呢？"

但邓肯始终不松口，回电道："那你以个人名义与那位诚挚的船长先生交易吧。"摩根也十分执拗，他愿意相信船长，于是干脆辞了商行的工作，去求助父亲。

摩根的父亲吉诺斯也是一名出色的金融家。在伦敦收到摩根的求助后，同意他暂时用自己公司的资金填补邓肯商行的欠款。摩根得到父亲的支持，兴致高涨，他决定冒险大干一场。于是问巴西船长："我相信您一定还有更多货源吧？"巴西船长很感激摩根救自己于水火，毫不犹豫地帮他扩大人脉。于是，摩根在巴西船长的帮助下，把其他船上的咖啡豆一并买了下来，并与许多货源商建立了联络。

出手如此阔绰，阵仗闹得也很大，但许多多年从事咖啡行业的商人对初出茅庐的摩根评价，都是不屑一顾地说："蠢笨的家伙，咖啡根本不需要囤积原材料。"然而，摩根购买大批的咖啡豆后不久，巴西就遇到了严重的自然灾害，使得咖啡豆的供应大幅下降。一时间，市面上的咖啡价格上涨了两到三倍。

摩根因此大赚了一笔，他凭借自己无畏的冒险精神，打响了他商业人生路上漂亮的第一炮。

冒险不是把自己的安危当作筹码，而是对新事物和无数未知的热爱，那是一种敢于尝试的态度。面对陌生的领域，当人怀有好奇心和探索欲时，那他一定比愿意安于现状的人要勇敢。

许多事都是从无到有，从零开始。

有一个孩子很喜欢唱歌，周围人都夸她的歌声好比黄鹂鸟。孩子很开心，便跟朋友分享，说自己以后想当歌唱家，没想到却被班上的同学听到了。从此，只要这孩子开口唱歌，就会有几个喜欢恶作剧的同学在旁边挖苦她："就你这五音不全的，还想当歌唱家。歌唱家都要学声乐，你就会唱几首儿歌哪行啊。"久而久之，孩子便不唱了，而且变得越来越怯懦。后来，孩子真的变成了一个五音不全的人。

但凡这孩子勇敢一点，走出自己的心理障碍，也不至于埋没天赋，泯于众人。

所以，不要惧怕冒险，冒险有时候确实携裹着风险，但那又怎样呢？说到底，故步自封就是惧怕失败，自卑于自己的失败、受到的挫折。有时，风险可以预期，冒险也可以衡量，但如果因为预想到最差的结局，就选择放弃，也就没有所谓的未来了。

别让焦虑束缚了你的脚步

"焦虑"这个词已经不是心理学专业名词，而是已经演变成很多年轻人的普遍心理状态。

穿行于公交、地铁的年轻人，时常感叹房价又涨了；刚毕业的大学生，最害怕的是毕业就面临失业，后悔自己没能好好读书；有工作的年轻人，又总是抱怨每天加班、工资太低……渐渐地，焦虑成了生活常态，可越焦虑越无法专心于学习和工作，只剩下担心和抱怨，甚至可能影响到正常的生活。纵使有鸿鹄之志，也被束缚了脚步，难以拼尽全力。

刘洋出生在一个中小城市，父母都是普通的上班族，家里生活条件一般，但是父母努力给刘洋的学习和生活创造最好的条件。刘洋也比较争气，在学校的成绩从来都是名列前三，大学时还考上了北京一所不错的大学。

毕业后，刘洋选择留在了北京，成了"北漂"。运气还算不错的是，刘洋成功应聘到了一家外企，从设计师开始做起。尽管有了好的起点，但是刘洋并不以为然，反而越来越觉得焦虑。

一次，刘洋打电话给闺密诉苦时，竟然忍不住大声哭了出来："我感觉自己就要透不过气来了，心里像被压了一块大石头。"

闺密关切地问："怎么了？在北京过得不好吗？遇到什么麻烦事了吗？前几天遇见你父母还说要去北京看看你呢。"

刘洋哽咽着说："我感觉现在的自己越活越倒退了。在你们眼里我是白领，工作上顺风顺水，经常得到主管的褒奖，住着还不错的房子，但实际上，我每天住在几十年前的老楼房里，楼道里连个灯都没有。可咱们那些高中同学，有的一考上大学家里就给买了车作为礼物，甚至连学习最差的张维，现在也在老家创业。我每天省吃俭用，就想攒钱买个小公寓，但你看看这房价一天一个样，越来越买不起，我都有些看不到希望了。我这样漂着到底值不值得啊？我是不是很失败？一想到越来越遥不可及的梦想，我感觉自己真的要难过死了。"

闺密安慰刘洋说："其实你没必要这么焦虑和贬低自己，你已经做得很好了。从小到大你没有让父母操过心，现在毕业了也能够自给自足，还自己存钱打算买房，这比咱们许多同龄的人都强太多了。你可别被自己的焦虑吓倒了，别以为努力不会有什么结果，事实上并非如此。"

可刘洋并没有听进去闺密的劝解，而且精神状态受到了严重的影响。刘洋的睡眠质量越来越糟糕，身体健康也大不如前。内心的焦虑让刘洋总是坐立不安，工作时也没了精神。越想做好，越想升职加薪，刘洋就越做不好，越做不好就越焦虑，生活质量就越差。

很多时候，人容易被自己的焦虑打败，而不是任何实际困难或者麻烦。

但是，焦虑并不是一点好处没有，适当的焦虑可以让我们有动力前行。因为觉得不够漂亮，有些女孩努力学习化妆、穿衣搭配、美体塑形，让自己变得更美；因为觉得自己在工作上的专业度不够，很多人选择在业余时间"充电"，为的就是丰富知识，拓展技能，成就更好的自己；因为有了焦虑，我们愿意努力不断向前，寻找生命的意义，让自己变得更好。

王媛已经在公司工作了十几年，但是感觉未来有些渺茫，遇到了职业上的"瓶颈"，不知道自己还能朝什么方向努力。朋友都建议王媛去读MBA："去镀层金回来，再加上你多年的管理经验，各大公司肯定都会抢着高薪聘请你。"

王媛有些担心地说："可是我儿子今年正好中考，我肯定需要花费很多时间陪他参加各种课程辅导。而且，我们公司也正面临转型的关键期，平时加班就多，估计很难有时间去读MBA。"

朋友劝王媛说："你这就是焦虑在作祟，是你的固有的避难思维、是你的潜意识告诉你可能会遇到很多困难，因此，你觉得没有时间读MBA。但是，我觉得你还是应该抓住机会。时间是可以挤出来的，困难也可以克服，就看你自己有没有勇气行动了。"

王媛似乎被说服了，点点头说："好，那我就试试。"

每天王媛到公司之后就会先和经理商量，然后把工作做好计划。儿子的课业辅导由老公承担一部分。终于，王媛腾出了时间，顺利完成了MBA学位的攻读。而且又认识了很多新同学，在事业上也找到了新的突破口，知道了自己接下来的路该怎么走了。

实际上，很多人之所以会焦虑，就是因为陷入自我封闭的思维，认为自己"一定要……才能……"，最终被自己假设的困难和麻烦吓住了。而这些困难和麻烦往往并不一定会真实出现，只是因为沉溺于自身的臆想和缺乏理智的判断，才会畏缩不前。

如果你也在焦虑中生活，不妨试着放下自卑、焦虑和不安，从小事做起，看看事情的真相是否和自己想象的一样。别让自己生活在焦虑之中，努力过好每一天，才能真正看到事情的本质，才能更加了解真实的自己，了解自己的真实需求。

羡慕别人不如自己强大起来

陈奕迅有首歌叫《红玫瑰》，里面的歌词很是发人深省："得不到的永远在骚动，被偏爱的都有恃无恐……"很多人似乎总喜欢把自己的生活与别人进行比较，艳羡别人的生活和工作，总觉得别人比自己过得好。

夏琳最近很是受刺激，原因是前几天跟着老公到老乡晓丽家修暖气片，结果被人家的生活震撼了。一进门，夏琳就看到晓丽穿着名牌服饰。

"哇，晓丽你瞧你现在皮肤好白啊。如果是在大街上看见你，我都不敢认你了。你这件衣服我在商场见过，但是太贵了，也就是看看。"

"这件衣服啊，都是去年的旧款了，你要是喜欢我可以送给你，我衣柜里还有很多今年的新款呢，一会儿我带你去看看。让你老公在这修吧，我带你参观一下我家。咱姐妹俩好久没见了，喝点咖啡叙叙旧。"

夏琳有些失落地看了看自己身上几十块钱的衣服，跟着晓丽坐在了客厅的沙发上："晓丽，你这是嫁了个富豪吗？看起来生活得不错啊。"

"我这人就是命好，我也没想到他自己做新媒体能这么成功。这不，现在他有了自己的公司，一年也就能挣个几十万吧。我在公司当个挂名的总监。想当初上大学的时候，你和大伟才是我们羡慕的，你学习好，长得漂亮，大伟性格好，又有技能，以后的生活肯定不用愁。你最近过得怎么样啊？"

夏琳有些吞吞吐吐地说："还行，凑合过呗。毕业后就结婚了，后来一怀孕就没上班，这不想等孩子上了幼儿园再去找份像样的工作吗？我们过的就是普普通通老百姓的日子，跟你比差远了。"

回到家，夏琳躺在出租屋的硬板床上辗转反侧睡不着，心想："晓丽想当年既不漂亮，学习一般，家境也一般，居然能嫁得这么好。人家老公一年几十万，我老公辛辛苦苦一年，周末都不舍得休息，才能挣几万。人家一个手机就小一万，我却还在用几年前的老手机。人家好几辆小轿车，而我们连个电动车都舍不得买，而且自己家里什么值钱的摆设都没有。"

越想越生气的夏琳，第二天一起床就把孩子送回了老家。然后，夏琳就投了很多简历。本以为会有很多公司录取她，可现实有些残酷。长期没参加工作，对行业的深度和广度了解过于欠缺，再加上专业技能的生疏，表达得吞吞吐吐，这一切都让夏琳感觉十分尴尬。

夏琳参加了一天的面试，结果没有一家公司愿意录取她。当她沮丧地回到家，老公递上一杯热茶说："你是不是很羡慕晓丽过的生活，但是你有没有想过这样的生活背后是什么呢？我觉得羡慕别人的同时，应该看到别人背后的付出和努力。就好像你总说要减肥，但还是不停地吃零食，还不爱运动，总停在嘴巴上的减肥，只能是失败。总是羡慕别人的生活，也一样。"

夏琳委屈地说："好，那我不羡慕，我还是把孩子接回来好好做我的全职妈妈，行了吧。"

老公摇了摇头，无奈地叹了口气。

每个人都有自己想要的生活，但是漫漫人生路是需要自己走完的。或许在路上你会羡慕那些比你走得快的人，也会羡慕别人的路上有别样的风景。最终忽视了自己脚下的路，甚至迷失方向，这其实是得不偿失的。

无论别人的生活多么美好，终究不是自己的，与其浪费时间和精力羡慕，倒不如努力过好每一天，努力提升自己。

曾经有人这样形容意大利著名女星索菲亚·罗兰："如果索菲亚·罗兰是花，她绝不会是小巧精致、有色无香的西洋菊，而是粗枝大叶、清远香溢的荷花。"

然而，在成名之前，从小生活在保守的乡村小镇的索菲亚·罗兰就背负着"私生女"的头衔，是邻居们指指点点的对象。

索菲亚·罗兰刚开始只能做洗衣工，赚取微薄的收入。直到索菲亚·罗兰十五岁那年，在"罗马小姐"比赛中被制片人发掘，才走上了演艺道路。但是，身材瘦小的索菲亚·罗兰多次试镜，都被淘汰了，甚至有个导演不屑地说："你怎么不照镜子看一下自己呢，个子这么矮，臀部又这么宽，鼻子还特别长，嘴巴大的像个拉链，在我看来，你连做演员的起码条件都不具备。我给你指条明路吧，现在就去整形，我还可以给你个机会。"

经纪人也力荐索菲亚·罗兰去整容："这个导演的电影获奖机会还是很大的，跟他合作过的女演员基本都被捧红了，你可别错过这样百年一遇的好机会。换作其他女演员，肯定羡慕死了，会毫不犹豫地整形，为自己争取机会的。为了自己的前途，你再好好想想。"

索菲亚·罗兰则坚定地说："对不起，我不能这样做，我就是我自己，我只有不断努力，做好自己，才能有机会向别人看齐，这是我做人的基本原则。虽然我的鼻子有点长，但是这恰恰是我脸上最独特的特点。我不羡慕别人的面容，也不羡慕这样的机会，我无法改变自己的长相，更无法控制别人的嘴巴，我只需要坚持自己的原则，剩下的只要不断努力就好了。"

就这样，索菲亚·罗兰顶住了压力。终于，她凭借《战地两女性》击败了奥黛丽·赫本，荣获了奥斯卡和戛纳双影后。走向国际的索菲亚·罗兰更加努力，成为很多女星羡慕的对象。而索菲亚·罗兰的闺密则在回忆录中说："你们只是羡慕索菲亚·罗兰的成功，可曾知道她背后的努力呢？获得影后殊荣后，她开始向美国发展，仅仅20天时间她就能熟练运用英语交流，这份毅力和努力谁能看得到？"

一切的一切，都是源于索菲亚·罗兰的默默努力。

每个人都可以在羡慕别人生活的同时，自己也不放弃努力。请相信，终有一天，你也会成为别人羡慕的对象。

你的努力，要配得上
你的年纪

第九章

勇敢去做，才会让
自己更强大

当你纠结要不要去做时，就去做

你是否曾有过一段这样的经历？

你是否曾有过一段纠结的心事？

那时的你正值青春年少，会在老师背过身写黑板字的时候，偷偷注视着自己喜欢的姑娘。后来，你终于长大成人，可你还是没有勇气站在喜欢的姑娘身旁。你说，等自己事业有成，一定娶姑娘回家。后来，你有车有房有工作，可是姑娘也早已嫁为人妇了。

你是否有过一段因为犹豫不决而不堪回首的过往？又是否有过因为举棋不定而错失良机？

对于很多人来说，答案是肯定的。

在生活中，纠结其实是人的通病。很多时候，人们不把自己的优柔寡断当回事，更有人认为自己在一件事上纠结，以为这样就是周密严谨，其实不然。

东汉末年的袁绍就是因为自己的优柔寡断，最后反被曹操击败。

当时的袁绍坐拥十万精兵，准备随时进攻许都，一举破曹。袁绍麾下有一谋士，姓许名攸，是当时不可多得的人才。

袁绍生性自大，遇事又总是举棋不定。身为谋士的许攸就给袁绍献上了自己的计策。

许攸说："我军有十万精兵，而曹操兵少，因此，曹军会派出全部的兵力来集中抵抗我们，既如此，许都那边就必定疏于防守。如果我们可以派一支精锐队伍轻装连夜赶往许都，趁其不备，来个奇袭，便可攻陷许都。到时占领许都后，我们就借奉当今圣上之命，讨伐曹操，曹操必然落在我军手中。就算未能立刻击破，也能使得曹操不能首尾兼顾。这样一来，还是可将曹操一举擒获。"

袁绍此时正坐在帐中饮酒，闻言顿时震怒，他把酒杯重重地摔在地上，怒视着许攸说道："一派胡言！万一曹操这奸贼在许都有埋伏怎么办？"

"主公，听属下一言。曹操自知兵少，断不会在许都防守。"许攸苦口婆心地劝说袁绍。

袁绍思忖良久，案上的烛火都已燃尽，许攸见势赶紧点燃了另一根新蜡。

"我再三考虑，觉得此事还是不妥。"袁绍摇了摇头说道。

许攸连忙跪在地上，恳求袁绍："主公，万万不可一意孤行啊！还是听属下一言吧！"

袁绍不耐烦地摆了摆手，示意许攸退下："以后莫要再提此事，你且下去吧！"

因没听信谋士许攸的谏言，官渡一战袁绍一败涂地。

纠结是人生路上的一个大隐患。但生活中就有这样一群人，他们在做一件事之前，总反复地考虑这件事会给他带来什么利益或者什么损失，值不值得这么做，或者应不应该这么做。可是他们忘了一点，时间并不等人。

一个人的成败与否，与他自身的果断和适时作出的决策是密不可分的。不论事情大小，果断执行，总是比优柔寡断更加有利。

从古到今的成功人士比比皆是，但他们都有一个共性，那就是做决策的时候刚毅果断。优柔寡断、犹豫不决是碌碌无为的平庸之辈才会有的作风。如果你已经有了果断的决策能力，那么在这个竞争激烈且残酷的环境下，必定会脱颖而出，从而书写自己辉煌的篇章。

同是三国时期，军师诸葛亮就显得与众不同了。诸葛亮因为错用了马谡而导致街亭失守，司马懿乘势率领十五万大军进攻诸葛亮所在的西城。当时，诸葛亮身边只有为数不多的一些文官，并无武将，就连身边最后的五千士兵，也有一半的人奉命去运粮了。

此时正是城中缺少守备的状态，众人听到司马懿要带兵攻来的时候，都吓得惊慌失措。诸葛亮没有犹豫也没有撤退，他说自己只要用个小计策，就可以让司马懿退兵。

于是，诸葛亮下令把所有的旌旗藏了起来，而且要士兵按兵不动，不能外出也不能大声喧哗。四个城门皆敞开，每个城门上派二十个士兵乔装打扮成百姓的模样，洒水扫街。

一切准备就绪，诸葛亮摇着扇子笑了。

"军师，你大开城门，我军岂不是要不攻自破啊！"有文官问诸葛亮。

诸葛亮笑了笑说："如果此时撤退，只会被追击得更惨。"

"军师，你要不要再仔细斟酌考虑一下？万一司马懿并没有中计怎么办？"

诸葛亮披上鹤氅，带着两个小书童往城楼上走去，说："无须考虑。只需把我的琴拿上来。"

文官搞不懂诸葛亮的所作所为，只得照做。

诸葛亮凭栏而坐，焚香抚琴，好不惬意。

此时，司马懿已经兵临城下。见城门大开，诸葛亮坐在城楼上悠闲地抚琴，空气中弥漫着焚香的缕缕白烟。两个稚童一左一右，左边的童子手捧宝剑，右边的童子手拿拂尘。城门里外，有二十几个百姓垂着头洒扫，旁若无人。

"恐有埋伏，全军回撤！"司马懿见此景，心生疑惑，不得不下令撤退。

司马懿的儿子司马昭见状说道："莫不是那诸葛亮城中无

兵，所以故意虚张声势！父亲，依我之见，完全无须撤兵，只需进攻一探究竟便可。"

司马懿连连摇头道："诸葛亮为人谨慎，从不曾兵行险招。如今四扇城门大开，必有埋伏。莫要中了他的奸计！"

就这样，司马懿率领全队兵马回撤，诸葛亮也因此侥幸逃过一劫。

如果当时诸葛亮胆怯了，或许举棋不定，那就会被司马懿所擒获。

生活中，总是会遇到许许多多让你纠结的大事小事，只有打破自己的犹豫不决才有可能走向成功。

时间匆匆，成功不可等待。遇到了想做的事，就奋不顾身地去做吧。有些时候奋不顾身未必是飞蛾扑火，亦有可能是浴火重生。

把大目标分解成小目标

有些人在成功的道路上，树立了无数目标，最终却都以失败告终。事实上，成功不是一蹴而就的，反而更像是由量变到质变的过程。换句话说，就算是树立的目标，也要有一个化整为零的过程和方法。这就需要把大目标分解成小目标，因为把大目标划分为一块块的小目标，不仅可以提高效率，还可以降低完成的难度，对成功更是有着促进作用。

心理学家里奥曾做过"把大目标分解为小目标"的重要性实验。

他找到三批人分别前往十公里以外的同一个村子。第一组人不仅不知道村子的名字，也不知道具体的距离，里奥告诉他们，只需要一路跟着向导走就可以。于是，所有人就把到达村子作为一个目标，并且全都自信满满地向着村子前进。谁知道，刚走出两三公里就有人喊累，里奥安慰道："就快要看到你们的最终目标了！"可好不容易走到了一半，便出现了更多的叫苦声，还有人埋怨，实在不懂为什么自己要走这么远，就这么走下去，什么时候才能走到头。甚至有人直接放弃，坐在路边停止前进。

第二天，里奥组织了第二批人前往同一个村子。只是这一队人知道村子的名字，并且清楚了解村子的距离，他们凭着自己多年的经验计算着具体路程。当他们走到一半路程的时候，有经验的人轻松地说："已经走了差不多一半的路了，我们离大目标越来越近了！"于是，大家更加簇拥着向前走。当走到四分之三路程的时候，几乎所有人都情绪开始低落，觉得很疲倦，感觉路程很长。但是经验老到的人喊出："再走四分之一的路程，我们就可以完成目标、走到目的地了！"其他人又重新振作，加快了前进的步伐。

第三天，第三批人出发了。他们不仅知道村子的名字、路程，而且公路旁每一千米都有一块里程碑，因此人们可以边走边看里程碑，将走到村子这个大目标划成了几个具体的小目标。他们依据路程中的里程碑，每走一段路就会停下来互相鼓励，一路上他们都用欢乐和歌声来缓解疲劳，情绪一直很高涨，所以很快就到达了目的地。

很显然第一批人将前往村子作为一个大目标，并且直接果断地向前进，不仅没有做出什么计划，反而像无头苍蝇，横冲直撞，更没有注意路途中的里程碑，没有想着做计划。而第二和第三批人，他们不仅认真地注意里程碑上的细节内容，更是在计算好路程的基础上依靠原有经验，在路途中分散大家的注意力，不仅达到了缓解疲劳的作用，也能团结大家的精神，从而把困难较高的大目标分解成效率高、完成度较为容易的小目标，促进了目标的完成。

在定下大目标的同时，实现它所经历的过程以及需要的时间都是必须要考虑的因素。因为在现实生活中，定下"成为首富""迈向成功"等各种大目标的人有很多，可真的实现的人却是寥寥无几，无非是因为没有掌握一个实际又行之有效的方式方法——划分成小目标。

王越和李钊是大学同学，两个人和其他四个人都是某公司的实习生，作为这一批毕业生里的佼佼者，公司领导也给他们提出了通过实习期的目标和要求。公司要求他们两个人必须在实习期间可以和客户进行独立交流，之后可以直接地参与公司业务。

在知道了自己所要达成的目标之后，李钊便开始准备大展身手。

于是，李钊直接朝着公司定下的大目标下手。他在拿到客户名单之后，大概浏览了客户所想要了解的业务后，便直接开始套用公司前辈的经验和方法来跟客户介绍业务。结果客户问起其他业务的时候，李钊却满脸迷茫，而客户也觉得李钊并不在乎他们。最后，李钊不仅被老板训斥，还差一点让公司丢失了客户。

而王越在仔细地理解了公司所定下的目标后，并没有急于求成，而是把大目标分为几个小目标。王越认为，实现大目标就像是玩游戏打通关，大目标就是通关结束的礼物，想要拿到通关礼物就必须成功拿到每一个关卡中的小礼物，小目标就是每一个关卡中的小礼物，因为大目标的实现离不开小目标的顺利完成。

首先，王越充分了解公司业务，接着就是跟着前辈学习如何更客观地向客户介绍相关业务，在学和听的过程中让客户了解业务的实用性。之后就是最重要的一点，那就是自己找到客户，并尝试与客户进行接触交流。王越认为，在和客户进行交流的同时，接收客户的反馈信息和意见，并且做出统计尤为重要。在交流过程中对于客户提出的问题有不理解或者业务中出现不熟悉的情况时，一定要及时找机会咨询和求助，绝对不能拖到事后再说。

给自己定完小目标之后，王越果断开始了自己的"游戏通关"之旅。果然，在一步步完成自己的小目标之后，王越就像是开了"外挂"，不仅是唯一留下的实习生，而且在实习期结束的会议上，轻松流畅地进行了会议讲述，使得公司领导对他有了新的认识。

李钊想要"一口吃成胖子"直达大目标，最后的结果却是以失败告终。而王越在谨慎思考过后，将大目标分为小目标来进行，不仅给自己减轻了压力，更是加快了完成大目标的步伐。

人生是一个前进的过程，在这个过程中往往会立下各种目标，就像万达董事长王健林所说，把成为首富作为奋斗的大目标是可以的，但是最好是首先定个小目标。事实证明，大目标的成功与否更多在于小目标是否顺利完成。

不断创新让自己更强大

现如今，人们的生活节奏越来越快，大多数人都循规蹈矩过着朝九晚五的生活，日复一日重复着机械般的工作。看似安逸，实则成功距离他们越来越遥远。唯有"创新"二字，才是通往成功的必修课。

古时，黄河流域总是发生洪灾，洪水淹没了无数庄稼，为此农民颗粒无收。尧帝不忍心看到自己的子民受到侵害，所以集结了各个部落的首领召开紧急会议。

"现下洪水泛滥成灾，你们有谁能平息水害？"尧帝问。

人群中一个身材高大、皮肤黝黑的中年人站了出来。

他说："为了首领、为了部落、为了子民，我愿意尝试治水！"

尧帝甚是欣慰："我给你十年时间，你一定要平息水害！"

中年人允诺，这个人就是大禹的父亲——鲧。

　　鲧对于治水其实是毫无头绪的，虽然他心系子民，勇于尝试，但终究败给了一腔热血。

　　鲧最先想到的是传统的方法"兵来将挡，水来土掩"。他决定先用泥土筑成堤，再把人们居住的地方围起来，这样便可永远隔绝洪水，让百姓过上没有洪水灾害的生活。时光匆匆而逝，如白驹过隙，鲧用了九年才把堤造好。这期间，他没想过其他的治水方案，也并不觉得自己现在的治水方案不可行。就在堤建好的数日后，一场大洪水袭来，鲧觉得自己胜券在握，可令他万万没想到的是，洪水来势之猛，一下就冲垮了他九年筑造的心血。

　　此时的尧帝已经退位了，将帝位禅让给了舜。舜帝听说鲧治水失败的事勃然大怒，情绪激动的舜一气之下，下令杀了鲧，并让鲧的儿子大禹继续治水。

　　鲧在临死前，紧紧握住了儿子大禹的手。

　　他说："都是为父无能，连累了你。"

　　此时的大禹正值年少，血气方刚。这九年间，他目睹了父亲为了治理洪水夜以继日的辛劳模样，可最终水没治好，却把命丢了。

　　大禹吸取了父亲治水失败的教训，决定不再守着"水来土掩"的老一套观念，他决定用"疏顺导滞"的方法。在仔细观察了水的流势后，找到了水自高向低流的特点。他带领群众顺着地形一共开凿了九条河道，把洪水引到河道中去，再把河道中的水引到大海上，因此，江河湖海汇成一片，从而平息了洪水带来的灾害。

相传大禹在治水的时候，还发明了各种测量道具。他带领群众走遍江河，用神斧劈龙门，凿青铜峡，使得水流畅通，毫无阻碍。而且，他在十三年间，三过家门而不入。

大禹的成功和他的推陈出新有着必然关系，而大禹的父亲鲧的治水失败，也和他自身的故步自封密不可分。

近现代绘画大师齐白石在成名之后，曾五易画风。他时刻提醒自己，面对功成名就要不骄不躁，唯有静下心来，勇于尝试新的风格才能走得更加长远。他不断地吸取历代绘画名家的长处，潜心改变自己的绘画风格。

50多岁时他还在反思，从前人们画花、鸟、山水、人物，可很少有人着重于自然世界中看似微不足道的产物。比如菜园子里熟透的瓜，比如树上结的果子，再比如水中的小生灵，所以齐白石选择了画虾。

齐白石画的虾，活灵活现。就算是现在的人，一提到齐白石，脑海里浮现出来的他的代表作，也是栩栩如生的虾。

齐白石一直不断地推陈出新，一共改变了五次画风。在他91岁的时候，曾为著名作家老舍先生画了一幅名为《蛙声十里出山泉》的画。

这日，老舍先生闲来无事去好友齐白石的家中做客。老舍随手翻开一本书，映入眼帘的是清代诗人查慎行的一首《次实君溪边步月韵》。老舍眼前一亮，突然就想出一道难题考考齐白石。

“好一句‘蛙声十里出山泉’啊！”老舍赞叹道。

齐白石不解其意。

“这书上的插画只画出了其表象，并没有画出其本意。”老舍说，“也不知先生能不能画出我心中所想。”

齐白石笑道：“只需几日便可。”

数日后，老舍收到了齐白石的画，不禁连连称奇，并给画命名为《蛙声十里出山泉》。

如若按照常人的思想，在听过“蛙声十里出山泉”这句话后，必然会想到要画青蛙，可是齐白石老先生并没有这么做。他认为，画青蛙简直是俗不可耐，不如创新一下。在四尺长的卷轴上，水墨晕染开来，远山作为背景，山涧中，乱石横生，有湍急的水流从中倾斜流下，六只小蝌蚪就在这湍急的水流中摇着小尾巴互相嬉闹着。人们看到蝌蚪自然会想起蝌蚪的妈妈——青蛙。青蛙找不到小蝌蚪了，它的叫声势必穿透整片山泉寻找自己的孩子。

齐白石的创新，可谓是画中有画，画外亦有画，画中有诗，诗中有画，诗画相结合，声情并茂，妙笔生花。

比尔·萨波里托曾言：“或者创新，或者消亡。”不懂得创新的人，到最后只能被自然生存法则所淘汰。

创新听起来是一件难以实现的事情，可当你真正打破了陈规、走出了限制，你就会发现，其实创新并没有那么困难。

感谢给你带来痛苦的人

在漫长的人生道路上，总会遇到形形色色的人。有给你带来快乐和幸福的人，这一类人如同寒夜里熊熊燃起的篝火，温暖而熠熠生辉；也有给你带来希望和鼓励的人，这一类人如同海平面上屹立不倒的指路灯塔，神圣而充满光亮；还有些人，他们用刻薄且长满荆棘的话语狠狠地刺痛你，你起初或许会恨之入骨，但细细品味，这类给你带来痛苦的人，往往最能让你迅速成长，变得强大。

18世纪末，在德国一个贫困的小乡村，著名的数学家卡尔·弗里德里希·高斯诞生了。他从小就热爱数学，对数字异常敏感，可是因为贫穷，高斯的父母没有钱给他请一位优秀的老师来教导他。

高斯八岁时，才终于等来了读书的机会。这个贫困且落后的小乡村建了一间小小的学校。学校坐落在一片麦田附近，每当微风拂过金黄的麦浪时，孩子们朗朗的读书声就会随着风飘到这片麦田上。高斯会在麦子最黄的时候，从教室的窗户里探出头来，眺望远方。于他而言，远方不止是一望无际的田野，更多的是他如同这片田野一样广阔的梦想。

在学校成立不久后，从城里来了一位新的数学老师，由他教高斯所在的班级。这个老师年纪不大，脾气倒是不小，而且特别歧视穷人。他认为以自己的聪明才智完全可以在城里的贵族学校教书，可残酷的现实将他打击得遍体鳞伤，甚至被分配到了这个穷乡僻壤。或许是不满命运对他的不公，他总是刁难班里的孩子们，用近乎刻薄的语言嘲讽穷人家的孩子都是脑子不灵光的笨蛋。

高斯十岁时，一天阴雨连绵，数学老师黑着脸走进教室。高斯和同学们坐在座位上，看着老师阴郁的面孔，不由得心惊胆战起来。他们知道，老师一旦心情不好的话，就会出各种数学难题刁难他们。

"今天的数学课，我要出一道题给大家，如果有谁算不出来的话，我就罚他一整天站在麦田里当稻草人。"数学老师走到讲台上，推了推架在鼻梁上的金丝框眼镜，虽有一副老学者的模样，可眼中却闪着狡黠的目光。

"听好了，我今天的题目是把1到100的整数加起来，开始吧！"

一声令下，所有学生都拿出了石板，但他们并没有做题的打算，他们已经决定去麦田里当稻草人了，除了高斯。

高斯低着头，在石板上一笔一笔地写着：1+2+3+4+5……

他的同桌凯蒂是一个有着金黄色头发的小姑娘，凯蒂眨着她的大眼睛看着高斯。

"别傻了，你做不出来的。"凯蒂说。

高斯并不理会凯蒂的嘲讽，一言不发地专心做着看似不可能完成的数学题。对于他来说，这位从城里来的数学老师是他学生时代的噩梦，亦是他成为数学家的一个严厉的导师。

没多久，同学们纷纷起身，准备去麦田里当稻草人，只有高斯默默地站起身，拿着写出这道题的石板走进了数学老师的办公室。

"错了错了！快去麦田里罚站！"数学老师跷着二郎腿，头也不抬便摆了摆手，示意高斯离开办公室。

"老师，我想，我应该没有做错……"高斯低着头，小声说着。

数学老师将信将疑地接过高斯手中的石板，看到高斯的计算结果大吃一惊，5050！竟然算对了，自己曾经也算过这道题，这个只有十岁的小鬼竟然很快就计算出来了，并且答案是正确的。

从此之后，数学老师再也没有刁难过高斯。高斯经过多次的高难度数学题训练，对数学的研究也越来越精进。

对于高斯来说，当年这位带给他痛苦和嘲讽的老师，并没有使他像大多数的同学一样自暴自弃，消沉下去。在看似受尽折磨的背后，成就的是一颗不惧风雨的强大内心。

试想一下，如果高斯在数学老师的百般折磨下屈服了，那又何来如今青史留名的著名数学家？

第十章

坚持，是这个时代
最宝贵的东西

成功不会一蹴而就，生活也不会一直颓废

曾国藩在一封家书中说道："尔不可求名太骤，求效太捷也。……困时切莫间断，熬过此关，便可少进。再进再困，再熬再奋，自有亨通精进之日。"这句话就是告诉大家，成功不会一蹴而就，生活也不会一帆风顺，只有不断坚持奋斗，生活才可能有所改善。

成功和好的生活都是一点点坚持奋斗出来的。因为成功的人知道坚持的重要性，而失败的人在困难、挫折面前只会选择逃避。

陈昂年初成功应聘到一家设计院。由于是新人，陈昂被组长安排负责与新接洽的一个客户沟通。原来这个客户脾气不好，要求也特别严格，组长不愿意主动迎难而上，就把难题抛给了新来的陈昂。

结果，陈昂在公司不刮胡子不洗脸，在电脑前愣是熬了一

周，用自己的真诚和努力，设计出了让客户满意的方案。当陈昂高兴地把设计方案交给组长，等待主管的表扬时，主管却表扬了组长。陈昂趁机瞥了一眼设计方案，竟然发现方案最后的落款是组长的名字。

事后，陈昂怒气冲冲地找到组长说："你要给我一个解释。"

组长有些不屑地说："你一个新人，做好自己的工作就好了，邀功请赏的事情就别想了，还不到时候。你要是胆敢找主管，小心我以后随便找个理由解雇你。再说了，新人不只你一个，就你事多，愿意干就老实一点，不愿意干就趁早滚蛋。"

陈昂窝了一肚子火，想找主管告状。结果一推开办公室的门，陈昂就看到主管正在和组长喝茶聊天，二人聊得正起兴，甚至根本没有注意到陈昂进门。陈昂想到这里的工作环境、同事关系和待遇福利都还不错，为了生活，他决定还是放弃维权。因为他知道，与现实相比，自己的委屈根本算不了什么。

就这样，陈昂每次接到客户的需求，就开始大量搜集资料，严格按照公司流程和客户需求开展设计工作，图纸清晰完整，理念阐释通俗易懂。几个月下来，陈昂靠着自己的努力和踏实，搞定了几个大客户，渐渐地为大家所认可。

一次，全公司为了迎接端午节的到来，搞了一个盛大的聚会，而老板也宣布为陈昂颁发"季度最有潜力新人奖"。老板还特意让陈昂上台发言，为的是给大家传授一下"秘诀"。

陈昂有些激动，但还是很谦虚地说："其实也没什么秘诀，就是不断地努力，让客户满意。客户来找我们设计，目的就是希望我们的设计理念能够契合他们心中所想，所以，我们就在服务过程中把握一条，让客户满意，不断改进，不断精进就行。"

听完陈昂的讲话，老板甚是高兴，直接提拔陈昂为设计部组长，还决定把陈昂当作公司重点培养的储备干部。

人生总会有坎坷，很多时候都会身不由己，都必须品尝生活的苦辣酸甜、喜怒哀乐，只要你不轻易选择放弃，继续努力和坚持，就一定会有所斩获。反之，如果你总觉得成功是一蹴而就的，或觉得生活是没有希望的，而选择不断放弃，不断更换自己努力的方向，则会一事无成。

赵又果是某大学毕业的高才生，通过选聘，他进入了当地某私企的办公室做文员。有一天，公司通知全体工作人员根据自己的工作情况写一份季度工作思想汇报。赵又果觉得体现自己文笔的时刻到了，毕竟自己在大学文学社也是"响当当"的人物。

于是，一下午时间，赵又果洋洋洒洒写了几千字，从头到尾尽显华丽的辞藻和修饰。当赵又果信心满满地把思想汇报交到主任手里时，却被叫住了："等一下，你是不是没上过大学啊？怎么连工作思想汇报都不会写？没写过公文吗？这样的文章都是有基本的、固定的格式的，不是满篇的修辞，而是在于言简意赅，拿回去重写。"

深受打击的赵又果觉得委屈极了，也没和家人商量，第二天就直接交了一封辞职信。而且，他决定要依靠文字养活自己，通过写作开辟一片自己的天地。

赵又果在微博、微信都注册了账号，还频繁向各大杂志社、新媒体投稿，结果都石沉大海般没了消息。为了养活自己，他又应聘到某公司做编辑。但是对于书稿写作，他嫌不能发挥自己的想象力和创造力；安排通稿写作，他又觉得客户要求多，难以达成；做基本的文字校对，他又觉得屈才。

总之，无论何时何地总能听到赵又果的抱怨和不满。每每这时，大家就会反问他："你还想一步登天啊？你以为作家就是这么好当的啊？有本事你就把你的努力和实力都展现出来啊。"

赵又果则说："干着这么简单的工作，挣的钱又少，我凭什么全力以赴，凭什么努力干活啊？"

就这样，赵又果反复换了几家新媒体公司，但是每家公司都有他无法忍受的问题，做不过实习期他就辞职了，然后重新开始应聘。两年下来，赵又果距离作家的梦想越来越远，职位没有提升，工资没有增长，仅有的一点文字基础和潜力也消耗殆尽了。后来，他还迷上了吸烟和酗酒，总抱怨"天下人都不识货"，终日愁眉苦脸、自暴自弃。

为什么赵又果会有这样的结局呢？其实就是因为他以为成功是轻而易举的，但其实成功是建立在无数失败、痛苦的基础上的，是需要慢慢积累才能得到的。

希望一直都在你身边

希望一直都在你的身边，没有希望也可以自己创造希望。总之，别让生活禁锢你的希望和梦想。

丽娜和甜甜所在的学校准备选送参加省舞蹈比赛的候选人，二人分别跳完了《木兰从军》后，都在等最后的结果。走出教室的那一刻，丽娜和甜甜听到有几个老师夸赞她们二人的表演，但是名额只有一个。

甜甜有些惴惴不安，害怕机会就这样与她擦肩而过，毕竟从农村出来的她，比丽娜更需要一个机会证明自己。

从比赛的教室出来，甜甜拿着头套又来到了日常练习的教室。在做一个跳跃动作时，甜甜一不小心摔倒在了地板上。甜甜抱着自己的腿，久久不能起来。

反应过来的丽娜赶紧拨打了120急救电话，甜甜被及时送到了医院。

住院期间，尽管甜甜打了石膏的腿不能动，但她对着镜子一遍遍唱着"唧唧复唧唧，木兰当户织。不闻机杼声，惟闻女叹息。问女何所思，问女何所忆……"上半身不停地练习着每一个动作。

实际上，那个时候医生已经下了诊断，甜甜的骨头以后不适合高强度练习舞蹈了，只是这样残酷的消息，父母一直不敢告诉她。

直到有一次，老师和同学们来看她，但他们都在互相使眼色，似乎欲言又止，最后只好安慰她："要想开点，别太难过。"

当老师把表演花木兰用的头套递到甜甜的手里时，母亲再也按捺不住悲伤的情绪，开始抽泣起来。

这时，甜甜才确定了自己的腿伤，知道自己可能无法继续跳舞了，可能要永远离开自己最爱的舞台了。对于热爱舞蹈的甜甜来说，这个消息不异于晴天霹雳。

甜甜一瞬间感觉自己的世界变得一片漆黑，但是，甜甜并不愿意就这样等待老天爷给自己下达的"判决书"，任由伤痛折磨蚕食自己的希望和梦想。

出院以后，甜甜拖着疲惫的身体，回到了故乡。

有一天，她走到了梦想开始的地方——青少年宫，在镜子前轻轻舞动了起来。紧接着甜甜被一群学习舞蹈的孩子围住了：

"老师，教我们跳舞吧。"一下子，甜甜感觉自己又有了希望。

于是，甜甜印了一沓小广告，上面印着"免费教授各种舞蹈"的广告词。就这样，她简单收拾了一下客厅，在干净的水泥地面上，支起了一个把杆，县里第一家舞蹈班就此诞生了。第一次招生，甜甜便招收了10个孩子，而且是在当年的全县中考艺术考试中名列前茅的。

甜甜一下子成了县城舞蹈界的"名教头"。

后来，甜甜为了扩大招生，就在县城租了一个小平房授课。结果不收学费的她，因为交不起房租，被房东赶了出来。她索性在马路旁支起了把杆教学。

但为了给孩子们一个好的学习环境，甜甜东拼西凑租了两间像样的教室，自己就吃住在那里，她还给舞蹈学校起名"新希望舞蹈学校"。

父母觉得甜甜这样太辛苦，让她换个工作，可她每次都说："孩子们是我的希望，没有什么比每天看着这些希望成长更快乐的事情了。我不能站到舞台上跳舞了，但是他们可以，帮他们实现舞蹈梦想，就是我余生最大的希望。"

几年后，甜甜的舞蹈学校规模不断壮大，甚至成了全国知名的舞蹈学校。

对于甜甜来说，舞蹈生涯的延续就是她的希望，只要希望一直在，她就能勇往直前地坚持下去。

希望，一直是人性中最美好的东西。所以，即使面临困难或者窘境，也不要放弃，请相信希望一直都在你的身边，只是你没有发现。

不放弃，总会遇到希望之光。

困了累了，就哭一会儿再上路

提起"哭"这个词，很多成年人都是不屑一顾的。

在成年人的世界里，只有小孩子才会哭。因为哭是一种不成熟的表现。其实则不然。哭，是一种很好的发泄方式。

在你身心疲惫的时候，与其借酒消愁，喝得酩酊大醉，不省人事，倒不如痛痛快快地哭一场，发泄一下心里积压已久的不快。

然而，人越长大，越会伪装。大多数的人都会给自己戴上一张美好的面具，把痛苦压在心底，自己独自在深夜舔舐伤口。

其实，哭并不是一件丢脸的事，没有必要忍着。哭过之后，你就会发现，生活依旧要继续，明天依旧是美好的一天。

困了，累了，就大哭一场吧。照顾好自己，如果连自己都不爱自己的话，别人怎么会爱你呢？

白娅是一个女强人，个性独立有主见，事业心极强。工作是白娅的全部重心。

她结婚三年，因为工作的原因，并没有要孩子。白娅的丈夫是一个安于现状的人，有一份稳定的工作，朝九晚五，日子过得清闲自在。

可是，白娅总是责备自己的丈夫没有上进心。

白娅看似坚强，实则内心脆弱。所以当各种压力都向她袭来的时候，她还是忍不住崩溃了。

白娅和丈夫的父母都是传统的老人，希望他们赶快要个孩子延续香火。工作上，白娅也面临着各种竞争压力。回到家以为就会轻松起来，可是一看到丈夫不思进取的样子，白娅就气不打一处来。

用白娅的话说，不知道自己上辈子做错了什么事，要承受这么多。

白娅越来越觉得力不从心。她很想大哭一场，可是又拼命地告诉自己要坚强。可人终究是人，是血肉之躯，不是金刚不坏之身。

白娅被击垮了，她每天浑浑噩噩，提不起精神，像一个得了抑郁症的患者。可她还是坚持工作。

她的丈夫看不下去了。他说："如果觉得累了，就休息休息，大哭一场吧！"

白娅歇斯底里地吼道："你以为谁都像你一样不思进取吗？哭有什么用？哭能解决问题吗？"

"解决不了问题，但能缓解你的心情。"

白娅嗤之以鼻。

"就像你小的时候，跌倒了，一定要先哭几声，再爬起来。等不哭了，也就觉得不那么疼了。"

白娅将信将疑，那晚，她把自己锁在房间里大哭了一场，把这么多年积压的负面情绪都化成眼泪流了出来，疯狂地发泄了一次。

此后的白娅，在工作上依旧和从前一样干练强势，但是在人前，别人从未感受到白娅的疲惫。

白娅说："其实我也很累，可是哭过之后就好多了。毕竟生活还要继续，哭过之后依旧要上路。"

生而为人，千万不要苦了自己，不要给自己找必须坚强的借口。人不是磐石，就算男人也有脆弱的一面。如果累了，困了，疲惫了，就哭一会儿再上路。哭泣绝对不是小孩子专有的特权，成年人也有哭的权利。

哭，并不是一件丢人的事。

同事都说李阳是个开心果。因为不论在工作上，还是生活上，他都是一个极度活跃的人，总是给别人带来无尽的欢笑，好像从来没有烦恼一样。

他身边的朋友都很羡慕他的乐观豁达，因为他的口中，从来就没有累这个字。

可就是这样一个乐观开朗的人，却被诊断出得了抑郁症。

他的朋友们都表示难以置信，甚至觉得是诊断有误。一个在生活中像太阳一样温暖的人，怎么会得抑郁症这种病？

得病后的李阳依旧来上班，和之前无异，每天都说说笑笑。

直到有一天，李阳离职了，他的同事们才意识到这种病有多严重。

人生在世，喜怒哀乐，是很正常的。所以，别再给自己施加压力，变相地要求自己坚强。

再坚强的人也有脆弱的时候，也有无助的时候，也有累的时候，所以，放声大哭一场吧。

哭，没什么丢人的。佯装坚强的人，才最为幼稚。困了，累了，那么就歇斯底里，不顾一切地哭出来吧！哭过之后，继续上路。迎接你的不是黑暗的未来，而是光明的明天。

有时候你距离金子只差一步之遥

有人说，成功的人和普通人之间隔着一道巨大的横沟。其实不然，对于已经成功的人来说，没有成功的人可能只是因为遇到了挫折和困难所以停在半路，因为害怕不再前进；也可能是只顾着享受通往成功的路上的安稳和欢乐，懒得前进。

实际上，这些人距离成功只有一步之遥，只要他们可以再坚持一下，可是最后他们败给了怯懦和懒惰。

高志和李洋是结伴沙漠探险的朋友，但是沙漠里天气恶劣，又是不熟悉的地方，即便是做了很多准备和打算，两个人还是迷路了。两个人在沙漠里晃荡了很久，也没有找到出路。而且一波未平一波又起，两个人进沙漠时所带的食物补给已经消耗完了，两个人可谓是在死亡的边缘徘徊。

高志躺在地上，几乎奄奄一息，他说："我们已经走不出去啦，放弃吧！我现在又累又渴，真的不想再走下去了。"

李洋也觉得饥渴难耐，但是他还是劝高志道："再坚持一下，前面就是绿洲，我好像看到了，再往前走一点，说不定就有水喝了。"

"不，前面不会有什么绿洲了，我们都走了这么久了，依旧没有看到绿洲，连个人影都没有，我们死定了……"高志说着竟然闭上了眼。但是李洋坚信前面有绿洲，所以继续往前走着。

李洋虽然也觉得累、口干舌燥，但是他并没有因此而彻底倒下，即便是体力不支，他依旧坚持着往前一步步地挪动。终于，在第二天早上，有一个商队正好路过这片沙漠，发现了坚持寻找绿洲的李洋，不仅给了他水和食物，还准备带着他一起离开沙漠。

这时，李洋有些不好意思地说："能不能陪我去看看和我同行的伙伴，我知道他的大概位置，昨天他实在坚持不住便躺在沙漠休息了，我很担心他。"

商队的领队毫不犹豫地点头说："当然可以，只不过我们刚从你说的那条路线上过来，并没有看见什么人。"

李洋的心一下提了起来，他们走到大概的位置并没有看见高志的身影。李洋瘫坐在地上，嘴里喃喃地说："高志，你怎么就不和我一起坚持一会呢！我们就可以一起被解救。成功离我们就是一步之遥，而你却因为没坚持下来而付出了生命。"

在人生的道路上，往往中途放弃的人比还没有开始的人更可悲，也面临着更大的痛苦。中途放弃不只是错过了所有已经经历过的美好，也没有机会去领略即将到来的成功和美好，更有可能会导致一个人失去生命。

事实上，那些距离成功只有一步之遥的人之所以会半途而废，恰恰是因为缺少坚持下去的恒心和毅力。

古时候，奸佞之臣当道，有很多有志之士被冤枉成通敌之人，进了牢狱。

这一天，牢中同时来了两家人，分别是吴家父子和刘家父子，狱卒把他们关在了相邻的两间牢房里。和其他人一样，他们都被扣上了通敌的罪名。吴家儿子一进牢狱，便开始感叹生命短暂，觉得甚是失望。毕竟进了牢狱，最后只有死路一条。

听着吴家儿子的话，刘家父亲在旁边安慰他："没关系，会有办法的，一切都还没有定数。"

有一天，刘家父亲半夜被冻醒，隐隐约约间仿佛听见了水流声，于是集中注意力一听，果然真的是水流声。这件事让刘家父亲觉得惊喜不已，因为他发现这个水流声就在他们牢房外面。他突然想到，如果可以把这个牢房的墙壁打穿，那就有机会从这个牢狱里逃离。想到这些，刘家父亲按捺不住内心的喜悦，急忙叫醒儿子以及旁边的吴家父子，告诉他们这个攸关生死的发现。

吴家儿子在听完刘家父亲的话后，先是沉默，随之产生了怀疑，他说："且不说您的方法能不能成功，光是打穿这个墙壁谈何容易啊！"

吴家父亲说："对啊，这里没有工具，而且一直有狱卒查房。"

刘家父亲说："一切皆有可能。就这样等着也是死，还不如挣扎一下，就当是为自己争取一线生机。每天打穿一点点，总有打穿的那一天。"

其他人看着刘家父亲的坚持，又觉得他说得有道理，便听从了他的建议和方法。

两家人在劳务改造的空余时间，搜罗了一些不易被发现的、简易的可以用来刨土以及打洞的工具，找到了大石块、木棍，甚至是半截长矛，吴家父子向狱卒要来了两张纸，说是打发时间用来画画，实则是为了挡住凿出的墙洞。工具准备齐全之后，两家人便开始了各自的凿墙之路。

两家父子轮番上阵，一个放风一个凿墙。可是一年过去了，墙还没有打通，处置他们的旨意却下来了，全部处以死刑。吴家父子便坐不住了，他们觉得这简直是浪费时间，还不如好好享受一下最后的时光。于是，两个人在最后一个夜晚，大口吃肉，大碗喝酒，然后就睡了。刘家父亲对儿子说："反正都只有最后一夜了，也许我们马上就能成功逃出去了，所以不能放弃。"刘家父子简单填饱肚子之后，便继续凿墙。

第二天吴家父子在被押解刑场之前，从狱卒口中得知，原来刘家父子昨晚凿通了墙壁，逃跑了。吴家父子听后瞬间瘫倒在地，两个人本来只要再坚持一下，就可以跟刘家父子一样保住性命了。

无数事实证明，成功和财富都是属于可以坚持到最后的人。因为在漫漫人生路上，不管是面对生活还是工作，懒散和半途而废都像是慢性毒药，不仅会侵蚀身体，还会腐蚀灵魂。

不留退路，但留活路

有一位画家对一个正在用废报纸练习画画的年轻人说："你可以试试买最好的宣纸来画，你肯定能画得更出色。"年轻人有些费解，画家笑而不语，只是拿起毛笔写了一个"逼"字。年轻人瞬间明白了深意，原来是画家让他为了节约纸张，逼自己画得更好。

安红是同事们心目中的女强人。刚毕业两年的安红，平时跑新闻、写稿子、采访，全部一个人搞定，而且不论是清晨还是半夜，只要有工作需要就第一时间赶到现场。正当报社准备提拔她为主管时，在异地采访的安红遇到了梦想中的"白马王子"赵晨。两人同是记者，总有说不完的话题。赵晨也被安红直率、阳光的性格所吸引，两人迅速坠入爱河。

在认识了七天后，两人就闪婚了。但是婚后最需要解决的问题就是怎么生活的问题：是继续异地分居，还是一方牺牲一下自己的事业，到对方居住的城市从头再来？考虑再三，安红勇敢地对赵晨说："还是我到你的城市去吧。"

安红的父母和朋友都极力反对，劝她说："你可想好了，你贷款买的房子也不要了？听你们主管说，马上就提拔你了，这么好的机会也不要了？你平时女强人的劲儿哪去了？别犯傻。就凭他一个人的工资能养活一家人吗？到了陌生的城市，你的一切骄傲、资本都等于零了，你这不是自毁前程，自断退路吗？"

安红坚定地说："我想好了。"

父亲生气地说："你要是敢辞职，我和你妈就当没生过你这个女儿。"

最后，安红还是向报社提出了辞呈，卖了房子，来到了完全陌生的城市，与赵晨开始了相依为命的生活。婚后，安红很快怀了孕。四年后，孩子上了幼儿园，安红以注册会计师的身份重新回归职场。

朋友们听说后都惊呆了，纷纷打电话询问："安红，本以为你背井离乡断了自己事业的后路了，一辈子可能就老公、孩子热炕头了呢，这些年你都干了些什么啊？"

安红自信地说："也没干什么啊。你们都知道我是个要强的人，我为了爱情断了自己的退路，因此，我知道从我离开家的那天起，就必须让自己更加强大起来。虽然我一结婚就怀孕了，连找工作的机会都变得更渺茫了，但是没关系，我有的是时间啊。既然没有退路，我就另辟蹊径，我每天自学金融和财会知识。宝宝出生后，我一边自己带孩子，一边参加了注册会计师的考试。老天待我不薄，这不，考了两次，也考上了。正好孩子上幼儿园了。"

朋友都说："你运气真好。爱情、事业、家庭都能兼顾，也完全融入了新城市的生活，据说你比你老公工资还高，简直是职场的辣妈啊！"

安红若有所思地说："其实也不全是，应该说我是没给自己留退路，辞掉工作，卖掉房子，父母都和我断绝了关系，我真的无法回头了，能做的就是拿出当年高考的冲劲。每天早晨五点就起床，等孩子睡了，我就赶紧做习题、看书，晚上都是后半夜才睡。"

因为没有给自己留退路，安红才能拼尽全力，找到属于她自己的路。

人生没有退路，就没有侥幸的可能，就不会存有懒惰和自我安慰的心理，就会逼自己不断向前。总给自己留退路，往往会一遇到困难就退缩、害怕，最终心理承受不住，彻底崩溃。

可以不给自己留退路，但是对待其他人则需要宽容，不可以把事做绝、把话说尽，只有这样，才不会把自己的活路堵死。

恰逢端午节，婆婆就叫儿媳妇敏儿和儿子大成一起来家里吃饭。夫妻二人一进门，婆婆就说："敏儿，快过来，我教你怎么包粽子，教会了你，明年你们就能自己包着吃了。"

敏儿偷偷冲老公撇了撇嘴，老公摆出了"拜托，拜托"的手势："你看，咱妈准备的都是你喜欢的馅料。"

为了哄婆婆开心，敏儿就跟着婆婆学起了包粽子。一包就是一上午，午饭都只是对付着吃了几块饼干，因为粽子还得慢火久煮。终于，三个小时后，粽香四溢。敏儿开心地说："我要第一个尝尝自己包的粽子。"

话音还没落，就听见婆婆在给小姑打电话："喂，闺女啊，你们今天也休息吧，粽子煮好了，你赶紧带着老公和孩子过来吃吧，都是你最爱吃的馅料。你大嫂包得难看死了，好多都漏了，早知道就让你过来帮忙了，可又怕你好不容易休息，来回折腾累得慌。"

敏儿一听，一股无名火涌上心头，啪的一声，把一锅粽子都倒进了垃圾桶："我辛辛苦苦包了一天，连个好都没有落到。你可好，还让自己闺女吃现成的，还都是她喜欢的馅料，还嫌弃我包得不好。我吃不到谁也别想吃。"

敏儿吼完，婆婆哭着跑回了卧室，大成生气地说："你这是干吗啊？真是不懂事，怎么说话呢，做事都不过脑子吗？看你们以后婆媳关系怎么处？"

敏儿一路小跑，哭着跑回了娘家。母亲则摸着敏儿的头说："知道咱们村里为啥柿子树每年都会留一些熟透的柿子不摘吗？"

敏儿哭着摇了摇头。母亲接着说："这柿子其实是留给喜鹊吃的。喜鹊喜欢吃柿子，同时也喜欢帮着啄果树上的害虫，尤其到了冬天的时候，喜鹊都会在柿子树上搭个窝。有一年下了特别大的雪，雪到膝盖那么深，喜鹊们找不到柿子吃，就全部饿死了。来年，我们的柿子树却遭遇了不知名毛虫的侵蚀，几近绝产。专家说，喜鹊灭绝，才会导致害虫泛滥成灾。因此，从那时候开始，我们就开始每年一丰收，会在树上留下一部分果实。喜鹊很知道报恩，到了春天便使劲帮我们捕捉害虫，这不，近几年的收成都不错。闺女啊，自然界尚且相互依存，人与人之间更是如此。做人做事说话都不能做绝了，不给别人台阶，不给别人留面子，那么别人也不会给你留活路啊，到最后吃亏的是你自己。现在赶紧回去，给你婆婆道个歉，带上妈妈包的粽子，快回去吧。"

敏儿擦干了眼泪，给婆婆打了个电话，诚恳地道歉，然后拎着粽子回了婆家。

水至清则无鱼，人至察则无徒。所以，对自己可以狠一点，不留退路，但是为人处世则需要与人退路，与人为善，才能找到出路。